Xiaoyan Hu
Xinlong Yan

Cracking catalítico de parafina para produção de olefinas leves

Xiaoyan Hu
Xinlong Yan

Cracking catalítico de parafina para produção de olefinas leves

ScienciaScripts

Imprint
Any brand names and product names mentioned in this book are subject to trademark, brand or patent protection and are trademarks or registered trademarks of their respective holders. The use of brand names, product names, common names, trade names, product descriptions etc. even without a particular marking in this work is in no way to be construed to mean that such names may be regarded as unrestricted in respect of trademark and brand protection legislation and could thus be used by anyone.

Cover image: www.ingimage.com

This book is a translation from the original published under ISBN 978-620-2-06260-2.

Publisher:
Sciencia Scripts
is a trademark of
Dodo Books Indian Ocean Ltd. and OmniScriptum S.R.L publishing group

120 High Road, East Finchley, London, N2 9ED, United Kingdom
Str. Armeneasca 28/1, office 1, Chisinau MD-2012, Republic of Moldova, Europe
Managing Directors: Ieva Konstantinova, Victoria Ursu
info@omniscriptum.com

Printed at: see last page
ISBN: 978-620-8-59786-3

Índice

Capítulo 1

Introdução

1.1 Preparar o cenário

O propileno é um dos produtos químicos de base mais importantes da indústria petroquímica, devido à sua ampla utilização na síntese de uma grande variedade de produtos, como o polipropileno, o acrilonitrilo, o epoxipropano e o ácido acrílico. A procura de propileno é cada vez maior e o fosso entre a oferta e a procura tem vindo a aumentar nas últimas décadas. Além disso, espera-se que o mercado mundial de propileno registe um crescimento significativo durante o período de previsão, devido à elevada procura de borracha sintética. [1]

O processo de craqueamento a vapor tem sido a principal fonte de produção de propileno. Tipicamente, uma matéria-prima de hidrocarbonetos gasosos ou líquidos, como a nafta, o GPL ou o etano, é diluída com vapor e termicamente craqueada a alta temperatura (>800 ºC) durante o processo. O propileno é normalmente produzido como um coproduto do etileno e o seu rendimento varia entre 1,5% e 18%, dependendo da composição da matéria-prima e das condições de funcionamento. [2]

No entanto, a tecnologia de craqueamento a vapor era desfavorável, tanto do ponto de vista ambiental como económico, pelas seguintes razões. Em primeiro lugar, é o processo que mais energia consome na indústria química. A elevada temperatura de reação é a principal causa do elevado consumo de energia. Além disso, a reação envolve uma grande quantidade de vapor, e a geração de vapor e o subsequente aquecimento requerem muita energia. Após a reação, os produtos gasosos são rapidamente extintos e, em seguida, separados e recuperados em condições de frio intenso e alta pressão, o que também consome muita energia. [3,4] Em segundo lugar, a distribuição do produto do craqueamento a vapor não é desejável. Tipicamente, o rendimento de etileno e propileno varia entre 29%-34% e 13-16%, respetivamente, quando se utiliza nafta como matéria-prima. [3-5] A baixa relação propileno/etileno só pode ser ajustada numa pequena gama, limitada pelo mecanismo de radicais livres do craqueamento térmico. Este resultado não é satisfatório, simplesmente porque o défice de procura de propileno é maior do que o de etileno. Como o etano é mais frequentemente utilizado como matéria-prima no Médio Oriente, na Arábia Saudita e noutras regiões, o baixo rácio propileno/etileno diminuiu ainda mais, o que agrava a escassez de propileno. Entretanto, o rendimento do metano, um produto caraterístico e de baixo valor do craqueamento térmico, pode atingir os 14%. Considerando o aspeto do equilíbrio do hidrogénio, a formação de uma grande quantidade de metano limita definitivamente o rendimento de produtos de elevado valor. Por último, a temperatura de reação elevada e o consumo de energia causam muitos problemas, tais como emissões elevadas de CO_2 e taxa de coqueificação.

Para ultrapassar as desvantagens acima mencionadas, uma abordagem consiste em introduzir um catalisador no processo. O craqueamento da nafta através de uma via catalítica pode reduzir a energia de ativação necessária para a quebra da ligação C-C e pode também melhorar a distribuição do produto através da alteração do mecanismo de radicais livres. Consequentemente, é considerado um método prometedor para a produção de propileno. [6]

1.2 Craqueamento catalítico da nafta

O cracking catalítico da nafta envolve a presença de catalisadores para facilitar o cracking de hidrocarbonetos, produzindo hidrogénio, olefinas leves, aromáticos, etc. Têm sido dedicados grandes esforços à investigação sobre o desenvolvimento de processos de cracking catalítico que possam ultrapassar as deficiências do cracking a vapor. As tecnologias representativas incluem: o processo de pirólise catalítica baseado no catalisador de vanadato de potássio/cerâmica (VNIIOS), o processo termocatalítico PYROCAT da Linde/Veba, o processo de cracking da nafta baseado no catalisador P-La/ZSM-5 desenvolvido pelo Instituto Nacional de Ciência e Tecnologia Industrial Avançada do Japão e pela Associação da Indústria Química do Japão, o processo de cracking catalítico da nafta baseado em alguns óxidos metálicos desenvolvido pela LG da Coreia, etc. O reator de leito fixo é o mais comummente utilizado nestes processos. No entanto, eles permaneceram na fase semi-industrializada e não há mais relatos sobre sua comercialização. [5,7-10]

O desenvolvimento de um bom catalisador tem sido sempre o foco da investigação no domínio do cracking catalítico da nafta. Foram estudados diferentes tipos de catalisadores, nomeadamente catalisadores básicos , catalisadores de óxidos de metais de transição e catalisadores ácidos, para obter rendimentos mais elevados de olefinas leves.

1.2.1 Catalisadores de óxidos de metais básicos e de transição

Este tipo de catalisador, como CaO, Al_2O_3, MgO, KVO_3, TiO_2, MnO_2 e ZrO_2, tem sido investigado para a produção de olefinas leves desde 1960. Entre estes catalisadores, os catalisadores mais promissores parecem ser os aluminatos de cálcio e os catalisadores à base de KVO3.

O vanadato de potássio (KVO3) suportado em cerâmica foi utilizado no processo VNIIOS desenvolvido pelo antigo Instituto de Síntese Orgânica da União Soviética e pelo Instituto de Petróleo e Gás Natural de Moscovo. No teste semi-industrializado, o rendimento de etileno e propileno atinge 34,5% e 17,5%, respetivamente, a uma temperatura de 780-790 °C e tempo de residência de 0,1-0,2 s quando se utiliza nafta como matéria-prima, em comparação com o rendimento de etileno e propileno de 26% e 14.6% a 830

°C e tempo de residência de 0,6-0,7 s.[7] Lee etal também estudaram a pirólise catalítica da nafta num reator de quartzo carregado com 5 mm de a-Al_2O_3 impregnado com KVO_3. Os rendimentos de etileno e propileno apresentam valores cerca de 10% e 5% mais elevados em comparação com os da pirólise térmica num tubo vazio, nas mesmas condições de funcionamento. No entanto, o catalisador afecta apenas a taxa global da reação de pirólise e não a seletividade do produto. Os autores acreditavam que o papel do KVO_3 era suprimir a deposição de coque na superfície do catalisador, catalisando a gaseificação do coque. [11-13]

O aluminato de cálcio é outro catalisador ativo para a pirólise da nafta[14-16]. Podem formar-se diferentes fases cristalinas, dependendo da relação CaO/Al_2O_3. A maioria dos investigadores relatou que $12CaO\text{-}7Al_2O_3$ é a fase cristalina mais ativa. Em comparação com a pirólise não catalítica, a conversão e os rendimentos de metano, etileno e propileno foram significativamente mais elevados na presença de $12CaO\text{-}7Al_2O_3$. A atividade relativamente elevada deve ser atribuída ao excesso de oxigénio na fase $Ca_{12}Al_{14}O_{33}$. [15] Uma desvantagem do catalisador é a deposição significativa de coque. A incorporação de carbonato de potássio (K_2CO_3) no catalisador $12CaO\text{-}7Al_2O_3$ pode reduzir eficazmente a quantidade de coque depositado no catalisador, devido ao aumento da taxa da reação coque-vapor[16]. [16] Uma comparação da seletividade do produto obtida com

$12CaO\text{-}7Al_2O_3$ com a da pirólise térmica mostra selectividades de produto semelhantes ao mesmo nível de conversão, exceto para os óxidos de carbono. Considera-se que a pirólise catalítica sobre aluminato de cálcio segue o mecanismo dos radicais livres, que consiste nas etapas de iniciação, propagação e terminação. De acordo com a teoria de Rice, as selectividades dos produtos são determinadas principalmente pelas fases de propagação e de terminação da cadeia. Assim, os resultados de que o catalisador de aluminato de cálcio aumenta a conversão sem alterar significativamente as selectividades dos produtos podem ser explicados pelo facto de apenas as reacções de iniciação serem afectadas. [14]

Tal como acima referido, a temperatura da reação não foi muito reduzida, tendo sido obtida uma conversão melhorada e uma seletividade de produto semelhante, apesar da utilização do catalisador de óxido metálico. Por conseguinte, considera-se que este tipo de catalisador melhorou o desempenho da pirólise da nafta ao promover as reacções iniciais.

Alguns investigadores acreditam que os melhores resultados foram simplesmente atribuídos à melhoria da transferência de calor devido ao efeito de superfície/volume, e não ao resultado da catálise[17,18]. Com a presença deste catalisador, a natureza da reação de craqueamento térmico permanece inalterada, pelo que a distribuição do produto não seria melhorada.

1.2.2 Catalisador ácido

O catalisador de ácido sólido, principalmente zeólito ácido, é o catalisador mais ativo e amplamente estudado para o craqueamento de hidrocarbonetos. O zeólito é um material poroso com grandes áreas de superfície específicas e topologia especial, e o local ácido dentro do canal uniforme é considerado como o local ativo que catalisa o craqueamento de hidrocarbonetos.

Hayim Abrevaya etal efectuou um estudo comparativo sobre o cracking de nafta pesada contendo 13% de aromáticos numa série de catalisadores de zeólito com anéis de 8-12 membros, ou seja, ZSM-22, ZSM-23, ZSM-35, EU-1, SUZ-4 e Ferrierite [19].[19] Os rendimentos mais elevados de etileno e propileno foram obtidos sobre um catalisador contendo 80% de ferrierite com 10 anéis a 665 °C, com um valor de 35 wt.% (etileno mais propileno) e uma relação propileno/etileno de 1,03; enquanto o rendimento de metano é de apenas 4,8%.

O craqueamento catalítico de nafta pesada sobre diferentes zeólitos, incluindo HZSM-5, H-mordenita, H-beta e SAPO-11, foi conduzido por Han et al.[20] O rendimento de etileno mais propileno alcançou 37,5 wt. %, 11,2 wt. %, 15,2 wt. % e 13,3 wt. % respetivamente sobre HZSM-5 (Si/Al=20), H-mordenita (Si/Al=12.5), H-beta (Si/Al=150), e SAPO-11 a uma temperatura de 650 °C, velocidade espacial horária ponderada (WHSV) de 5 h^{-1} e nafta/vapor (w/w) de 2. Entre estes zeólitos, o HZSM-5 foi considerado o mais eficaz para a produção de olefinas leves, especialmente propileno. O zeólito HZSM-5 tem uma topologia única, com o canal oval reto ligado verticalmente ao canal "Z", e mostrou uma elevada seletividade para olefinas leves, especialmente o propileno. Por conseguinte, é amplamente aplicado no processo de cracking catalítico para a produção de olefinas leves. Tem havido um interesse crescente na investigação do ZSM-5 e do ZSM-5 modificado para obter melhores desempenhos[21,22].

Um estudo sobre o craqueamento catalítico da nafta para produzir olefinas leves foi efectuado por Yoshimura et al. do Instituto Nacional de Ciência e Tecnologia Industrial Avançada no Japão entre 1995 e 1999. [5] O craqueamento oxidativo e não-oxidativo sobre catalisadores de metais básicos e de transição e o craqueamento catalítico sobre catalisadores de zeólito ácido foram exaustivamente investigados. Os resultados mais promissores foram obtidos com um catalisador La_2O_3-P/ZSM-5 (Si/A1=200) recentemente desenvolvido. Este apresentou uma boa estabilidade e um elevado rendimento de etileno (34%) e propileno (23%) a 650 °C num reator de leito fixo com a presença de vapor, o que é cerca de 10% superior ao do processo de craqueamento a vapor a cerca de 850 °C. Sugeriu-se que a carga de La era a principal causa da menor formação de aromáticos.

No entanto, este facto não foi consistente com os resultados obtidos por Wei etal.[23] Verificaram que mais de 50% da nafta foi convertida em BTXs sobre o catalisador La_2O_3/ZSM-5. A modificação do catalisador com P e outros elementos como Mg, Ca e Cu conduziu a um maior rendimento de olefinas leves e a uma menor formação de BTX. Os zeólitos ZSM-5 modificados por Co, Ni, Fe e Zn também podem ajudar a suprimir a formação de aromáticos, mas o rendimento de etileno e propileno diminuiu até certo ponto. Os melhores resultados foram obtidos com La_2O_3-P/ZSM-5 (Si/A1=72), com um rendimento total de etileno e propileno de 57-60% em 10 horas de fluxo a 650 °C. O rendimento de etileno e propileno era ainda superior a 50% em 30 horas, em comparação com o rendimento de 47% em 1 hora de fluxo e 31% em 10 horas de fluxo em HZSM-5 na mesma condição de reação. As reacções com a presença de vapor produziram mais olefinas leves e suprimiram a formação de BTXs, especialmente para P/ZSM-5, em comparação com a reação sem vapor. Os resultados sugerem que a presença de vapor pode suprimir eficazmente a reação de transferência de hidrogénio bi-molecular. A incorporação de elementos de terras raras e P pode levar à formação de óxido Re-P-O, que pode depositar-se na superfície exterior do zeólito e levar a uma redução dos sítios ácidos da superfície. O La poderia também ajudar a estabilizar as espécies de P, tendo-se concluído que existe um efeito sinergético entre o La e o P, o que poderia explicar o bom desempenho do La-P/ZSM-5. [24]

Shi Zhicheng et al e Li Zaiting et al sintetizaram uma zeólita com cinco anéis (ZRP) de fósforo e metais de terras raras com estrutura MFI. [25,26] Em comparação com a HZSM-5, a zeólita apresenta uma baixa atividade de transferência de hidrogénio, elevada seletividade e atividade de propileno. A conversão e o rendimento de etileno, propileno e butano atingiram 86,18%, 6,16%, 19,74% e 13,71%, respetivamente, com o ZRP, em comparação com os valores de 80,67%, 4,36%, 16,70% e 12,52% com o HZSM-5, num reator de leito fluidizado fixo de laboratório operado a 580 °C, tempo de contacto de 5s, e alimentado com nafta de corrida direta (256-545 °C) e vapor (razão de massa de 5).

O ZSM-5 modificado com flúor também apresentou bom desempenho no craqueamento da nafta para a produção de olefinas leves[27,28]. Feng et al prepararam uma série de ZSM-5 modificados com F imergindo pós de ZSM-5 em solução de NH_4F com diferentes concentrações. Os melhores resultados foram obtidos com 0,1F/HZSM-5, que possuía os sítios de Bronsted mais abundantes, dando um rendimento de etileno e propileno de 20,2% e 36,4% a 600 °C para o craqueamento da nafta, em comparação com 16,9% e 29,1% no HZSM-5 original. Tanto a estrutura dos poros como as propriedades ácidas do zeólito HZSM-5 foram reguladas pela modificação do flúor, e a área de superfície BET, o volume dos microporos e os sítios de ácido de Bronsted aumentaram para o F/HZSM-5. As alterações na estrutura dos poros e nas propriedades ácidas, especialmente o aumento dos sítios de

Bronsted, foram atribuídas como a principal causa dos melhores desempenhos. Mao et al observaram também um aumento da acidez da superfície como resultado da formação de novos sítios de Bronsted e do reforço de parte dos sítios ácidos originais[29].

Para além dos elementos P, La e F, foram também utilizados outros elementos de terras raras [30-32], metais de transição [33-35], metais alcalinos e metais alcalinos [33,36,37] para modificar o ZSM-5. Existem numerosos estudos sobre as propriedades do ZSM-5 modificado e sua aplicação no craqueamento da nafta. Parte deles também obteve resultados preferíveis.

O tratamento alcalino do zeólito é uma abordagem para modificar a estrutura dos poros e as propriedades ácidas por dessilicação. Ramin Karimzadeh et al [38] prepararam uma série de zeólitos ZSM-5 de estrutura hierárquica tratando o ZSM-5 original com uma solução alcalina. O mesoporo criado pelo tratamento alcalino demonstrou ser altamente interligado e acessível a partir da superfície exterior, o que facilitou a difusão de hidrocarbonetos. O ZSM-5 mesoporoso obtido por tratamento moderado apresentou melhores desempenhos no cracking de hidrocarbonetos.

Mao et al propuseram o conceito de "efeitos de continuidade dos poros". [39] A reação de craqueamento catalítico sobre um catalisador híbrido composto por zeólito microporoso e material mesoporoso apresentou melhores desempenhos. O acoplamento de materiais com diferentes propriedades de estrutura de poros foi benéfico para a difusão de moléculas de hidrocarbonetos, melhorando assim a atividade catalítica e a seletividade das olefinas leves.

Para uma zeólita ácida utilizada no cracking de hidrocarbonetos, a estrutura dos poros, a relação Si/Al, o tamanho do cristal e a propriedade ácida foram considerados factores importantes que afectam o desempenho catalítico.

O zeólito deve ter uma estrutura de poros adequada para assegurar uma boa seletividade de forma em relação às olefinas leves, por exemplo, o zeólito ZSM-5 favorece a formação de olefinas leves, especialmente o propileno, devido à sua estrutura de poros única com boa seletividade de forma. Jung et al. observaram uma diminuição significativa na conversão de n-octano com o aumento do rácio Si/Al (de 25 para 100). [40] Abrevaya relatou que as reacções de transferência de hidreto foram reduzidas com o aumento da razão Si/Al de 24 para 66. Uma vez que a reação de transferência de hidrogénio bimolecular requer uma força ácida média e um centro ácido próximo, o zeólito com uma razão Si/Al elevada deveria reduzir as ocorrências de transferência de hidreto e melhorar a seletividade das olefinas leves. [19]

A propriedade de acidez do zeólito inclui principalmente três aspectos:

tipo de ácido, quantidade de ácido e força do ácido. Considera-se que este é o fator crucial que determina o desempenho catalítico. Para um determinado zeólito, a acidez é largamente dependente do rácio Si/Al e da modificação por algum elemento. Existem dois tipos de centros ácidos no zeólito, ou seja, o centro ácido protónico (ácido de Bronsted) e o centro ácido não protónico (ácido de Lewis). É amplamente aceite que os dois tipos de sítios ácidos podem ser convertidos um no outro. Dois sítios de ácido de Bronsted podem desidratar-se para formar um sítio de ácido de Lewis quando aquecidos acima de 450 °C, e o sítio de ácido de Lewis também pode ser convertido em sítio de ácido de Bronsted por hidratação. Ainda há controvérsia sobre o papel dos sítios ácidos de Bronsted e de Lewis nas reacções de craqueamento de hidrocarbonetos. A formação de três iões de carbono coordenados por protonação da molécula de olefina, na presença do sítio ácido de Bronsted, é o passo inicial de um processo de cracking catalítico. A etapa também pode ser a privação do ião H^- por um sítio ácido de Lewis, ou a protonação da molécula de alcano para formar um ião carbénio penta-coordenado por um sítio ácido de Bronsted forte. Na etapa subsequente, o sítio ácido de Bronsted é considerado o centro ativo da reação de craqueamento e de transferência de hidrogénio. Assim, a presença do sítio ácido de Bronsted é benéfica para aumentar a reatividade, mas conduz facilmente à saturação de olefinas leves e à formação de coque. A.Corma etal estudou o papel de diferentes tipos de ácidos durante o craqueamento do n-heptano no zeólito HY a 400-470 °C. Consideraram que o alcano reagiu de formas diferentes em dois tipos de sítios ácidos, ou seja, fissuração protolítica no sítio ácido de Bronsted e 0-scisson no sítio ácido de Lewis. O índice de H_0 é utilizado para caraterizar a força de um sítio ácido; quanto menor for o valor, mais forte é o sítio ácido. Moscou sugeriu que um sítio ácido com um valor de H_0 inferior a 3,3 possui a capacidade de catalisar e os requisitos de força ácida também são diferentes para diferentes reacções. [41]

O tamanho do cristal da zeólita também tem uma influência notável no desempenho catalítico. Teng et al sintetizaram uma série de zeólitos ZSM-5 com diferentes tamanhos de cristal, área de superfície específica e acidez total semelhantes. [42] O zeólito com um tamanho de cristal mais pequeno possuía um canal de poros mais curto e uma área de superfície específica externa maior; mostrou uma capacidade anti-coqueamento mais forte e estabilidade para o cracking catalítico de olefinas C_4. Resultados semelhantes foram observados por Ji et al, ou seja, o zeólito com menor tamanho de cristal tinha maior capacidade de craqueamento e maior rendimento de etileno e propileno no craqueamento da nafta. [43] O zeólito mais pequeno facilitou a difusão do produto etileno e propileno, suprimindo assim a reação de transferência de hidrogénio e o posterior craqueamento em CH_4. Zhang et al verificaram que a dimensão dos cristais tem pouco efeito no coeficiente de difusão interna, no entanto, o tempo caraterístico de difusão R^2/D (R é a dimensão média dos cristais, D é o coeficiente de difusão interna) do zeólito ZSM-5 com maior dimensão dos cristais é 70 vezes superior ao do zeólito com menor dimensão[44]. Herrmann et al verificaram que a atividade catalítica diminuía com o aumento da dimensão dos cristais do zeólito ZSM-5 e atribuíram esse facto ao facto de os sítios ácidos no interior dos canais do zeólito com uma dimensão de cristal grande serem difíceis de utilizar plenamente durante a reação[45].

1.3 Mecanismo de reação

Basicamente, existem dois mecanismos para descrever a química do craqueamento de hidrocarbonetos, ou seja, o mecanismo de radicais livres para a pirólise térmica sem catalisador ou com a presença de catalisador não ácido, ou o mecanismo de iões de carbénio para o craqueamento catalítico sobre catalisador ácido.

O craqueamento catalítico de olefinas sobre catalisador de ácido sólido através de intermediários de iões de carbénio está bem estabelecido. É geralmente aceite que os centros activos nestas reacções são sítios de ácido de Bronsted na superfície do catalisador. Em contraste, o mecanismo de craqueamento catalítico das parafinas, que representam o maior constituinte da fração de nafta, é ainda um assunto controverso. Foram propostos vários mecanismos para o cracking das parafinas. Entre estas teorias, a cisão beta através do ião carbénio e o craqueamento protolítico são os mecanismos mais amplamente aceites para explicar o esquema de reação do craqueamento da parafina.

1.3.1 β-cisão através do ião carbénio

O mecanismo do ião carbénio é o mecanismo mais antigo e mais popular invocado para a explicação do craqueamento de hidrocarbonetos sobre sítios ácidos sólidos[46,47]. O passo inicial é representado pelo ataque de um sítio ácido ao hidrocarboneto para produzir um complexo ativado, ou seja, três coordenadas do ião carbénio. Se for utilizada uma olefina como reagente, corresponde ao ataque de um sítio ácido de Bronsted à ligação dupla do reagente para formar um ião carbénio (Eq.1-1). No entanto, este não é o caso da molécula de parafina, cuja reação de iniciação tem sido amplamente debatida.

Alguns propuseram que a presença de olefinas, mesmo em quantidades vestigiais, era necessária para iniciar o craqueamento de uma molécula de parafina. Neste mecanismo, os iões de carbénio são formados por protonação dos vestígios de olefinas; subsequentemente, um novo ião de carbénio é formado através de uma reação de transferência de hidreto bimolecular, ou seja, a abstração de um ião de hidreto pelo ião de carbénio da parafina (Eq.1-2), que é um passo crítico para a propagação da cadeia necessária para que a parafina continue a reagir[48].

$$R\text{-}CH{=}CH\text{-}R' \xrightarrow{+H^+} R\text{-}\overset{+}{C}H\text{-}CH_2\text{-}R' \quad \text{Eq. 1-1}$$

$$R\text{-}\overset{+}{C}H\text{-}CH_2\text{-}R' + CH_3\text{-}CH_2\text{-}CH_2\text{-}CH_2\text{-}CH_3 \longrightarrow R\text{-}CH_2\text{-}CH_2\text{-}R' + CH_3\text{-}CH_2\text{-}\overset{+}{C}H\text{-}CH_2\text{-}CH_3 \quad \text{Eq. 1-2}$$

$$R\text{-}CH_2\text{-}CH_2\text{-}R' \xrightarrow{-H^+} R\text{-}\overset{+}{C}H\text{-}CH_2\text{-}R' \quad \text{Eq. 1-3}$$

Alguns também propuseram que o primeiro ião de carbénio também pode ser formado pela extração de um ião hidreto diretamente de uma molécula de parafina através de um sítio ácido de Lewis (Eq. 1-3). Nestes casos, um ião carbénio é formado na etapa inicial e considerado como o intermediário ativo para o craqueamento da parafina, independentemente dos locais activos envolvidos.

Subsequentemente, o ião carbénio formado pode passar por uma série de reacções, que incluem principalmente

a. Reação de isomerização

Os iões de carbénio primários são propensos a reacções de rearranjo para um estado mais estável.

H-atom shift: $CH_3\text{-}\overset{+}{C}H\text{-}CH_2\text{-}R \longrightarrow CH_3\text{-}CH_2\text{-}\overset{+}{C}H\text{-}R$ Eq. 1-4

Alkyl-Group Shift:

$$CH_3\text{-}\overset{+}{C}H\text{-}CH_2\text{-}CH_2\text{-}R \longrightarrow CH_3\text{-}\overset{+}{C}H\text{-}CH(CH_3)R \longrightarrow CH_3\text{-}CH_2\text{-}\overset{+}{C}(CH_3)R \quad \text{Eq. 1-5}$$

b. β-scisson

A cisão da ligação C-C é a principal reação de todos os processos de craqueamento. A cisão de um ião carbénio segue o conhecido mecanismo de cisão β. A ligação C-C na posição β da carga dissocia-se e a carga migra para um dos seus átomos de carbono com a formação paralela de uma ligação dupla.

$$(CH_3)_3C\text{-}CH_2\text{-}\overset{+}{C}(CH_3)_2 \longrightarrow (CH_3)_3\overset{+}{C} + CH_2{=}CH\text{-}CH_3 \qquad \text{Eq. 1-6}$$

Devido à elevada instabilidade dos iões de carbénio primários, é mais provável que os iões de carbénio lineares sofram uma mudança de carga e uma isomerização esquelética antes da cisão P. Normalmente, as reacções de β-cisão só ocorrem com iões de carbénio que contenham pelo menos 6 átomos de carbono, uma vez que a reação tende a quebrar um ião de carbénio mais estável, formando-se produtos com mais de 3 átomos de carbono[49]. Por conseguinte, a quebra de três iões de carbénio coordenados não pode produzir produtos como hidrogénio, metano, etano e etileno.

c. Alquilação

$$R^{+} + CH_2{=}CR'R'' \longrightarrow R\text{-}CH_2\text{-}CRR''\text{-}CH_2\text{-}C^{+}R'R'' \qquad \text{Eq. 1-7}$$

É frequentemente observado que uma molécula de hidrocarboneto com número de carbono superior ao do reagente é formada no produto. Wielers et al sugeriram que as olefinas e os pequenos iões de carbono positivos podem sofrer reacções de alquilação para produzir iões de carbénio positivos maiores, seguidos de quebra de β, ou outras reacções[50].

Finalmente, os produtos olefínicos correspondentes são formados após a dessorção do ião carbénio da superfície do catalisador. Entretanto, os sítios de ácido de Bronsted são restaurados. Este é o passo final do processo em cadeia.

1.3.2 Mecanismo de fissuração protolítica

Embora o mecanismo clássico do ião carbénio tenha sido amplamente aceite e utilizado para explicar o processo de craqueamento de hidrocarbonetos sobre catalisador de ácido sólido, ainda existem inconsistências entre a teoria e os resultados reais de craqueamento, especialmente para o craqueamento da parafina.

Olah et al propuseram pela primeira vez em 1967 que um ião de carbono não clássico pode ser formado a partir de alcanos saturados como o metano, o etano e o n-butano na solução super ácida de $FSO_3 H_2$-SbF_5 (ácido mágico, $H_{(0)}$<-18,99). [51-54] No entanto, esta descoberta raramente foi mencionada nos anos posteriores. Até 1984, Hagg e Dessau estudaram o craqueamento do 3-ciclopentano sobre o zeólito ácido (HZSM-5, Y) a 623-823 K, e descobriram que uma quantidade considerável de hidrogénio, metano e etano está contida nos produtos iniciais quando se extrapolam os resultados para uma conversão de zero [55]. [55] A formação destes produtos é difícil de ser explicada pelo mecanismo clássico do ião carbénio, uma vez que resulta sempre em produtos com pelo menos três átomos de carbono. Na verdade, resultados semelhantes foram obtidos anteriormente, ou seja, hidrogénio e pequenos alcanos moleculares estavam presentes nos produtos com baixo nível de conversão. [56,57] McVicker et al. atribuíram as diferenças entre a distribuição real dos produtos e a da reação do ião carbénio à formação de um grupo catiónico intermédio. Haag e Dessau et al. propuseram um mecanismo de craqueamento monomolecular ou mecanismo de craqueamento protolítico, com base na inferência relativa à ionização de moléculas de alcano em superácido líquido proposta por Olah. Acreditaram que as ligações C-C ou C-H nas moléculas de alcano também podem ser protonadas sobre catalisadores de ácidos sólidos para formar iões de carbono penta-coordenados, que actuam como estados de transição do mecanismo de craqueamento protolítico. Uma vez formado, pode rapidamente decompor-se em hidrogénio ou numa pequena molécula de alcano e num correspondente ião carbénio de três coordenadas.

O mecanismo de fissuração protolítica atraiu grande atenção logo que foi proposto. De um ponto de vista teórico, a formação de iões de carbono penta-coordenados em zeólito ácido a baixa temperatura é muito mais difícil do que a solução super-ácida, uma vez que a clivagem de O-H em Si(OH)Al necessita de alta energia (cerca de 1300 kJ/mol).[58-60] No entanto, os dados de distribuição de produtos propostos por muitos investigadores confirmaram ainda mais a validade do mecanismo de craqueamento protolítico. Por exemplo, Krannila et al. encontraram uma distribuição de produtos consistente com os resultados previstos pelo mecanismo de craqueamento protolítico a uma conversão zero para a reação de craqueamento do n-butano sobre o catalisador HZSM-5 a cerca de 772 K, e igual teor molar de hidrogénio, metano, etano, etileno, propileno e buteno nos produtos iniciais[58]. [58] Resultados semelhantes foram observados para o craqueamento de propano e isobutano por Bandiera, Kwak, Stefanadis, Cheung, et al. [61-65]

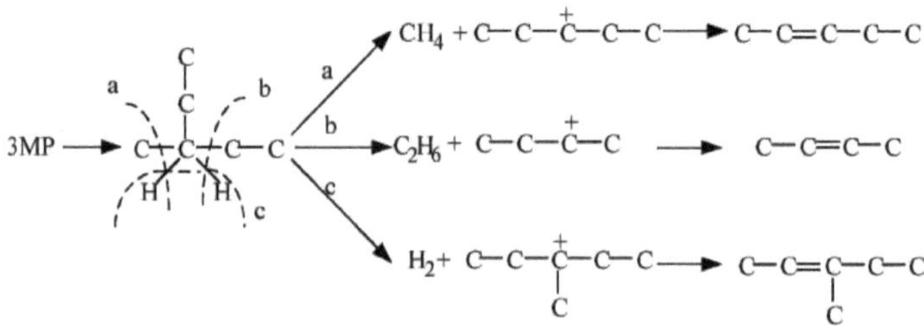

Fig.1-1 Via de craqueamento monomolecular do 3-metil-pentano

Os cálculos DFT de S. R. Blaszkowski mostraram que os protões dos sítios de ácido de Bronsted tendem a atacar as ligações nucleofílicas mais fortes nas moléculas de hidrocarbonetos, tais como σ-C-C e C-H.[66] E.A. Lombardo et al estudaram o craqueamento de neopentano sobre zeólito Y e descobriram que o ataque de protões não ocorreu na ligação C-H primária.[67] A. Corma e P V. Shertudke apoiaram esta ideia, e sugeriram que o hidrogénio foi produzido principalmente a partir de alcanos contendo átomo de carbono terciário.[68,69]

A via de craqueamento protolítico domina cineticamente apenas a uma concentração muito baixa de olefinas, ou a um baixo nível de conversão para o craqueamento de parafinas. A temperatura elevada da reação também é favorável ao craqueamento protolítico. Uma vez que as olefinas são mais facilmente protonadas do que as parafinas, a sua presença será um forte concorrente para a protonação das parafinas, reduzindo assim grandemente a probabilidade de reacções de craqueamento protolítico.

1.3.2 Factores que influenciam o mecanismo dominante

Como já foi referido, o craqueamento protolítico é reconhecido como uma via de reação significativa durante o processo de craqueamento da parafina. No entanto, isto não significa que a reação através do mecanismo clássico do ião carbénio seja de pouca importância. Considera-se que ambos existem e interagem entre si durante o craqueamento da parafina. Numerosos investigadores verificaram que a distribuição dos produtos era superior ao resultado do craqueamento protolítico, mesmo a um nível de conversão, apesar de serem produzidos hidrogénio e metano. Consideraram que a contribuição das duas vias de reação era principalmente determinante nas propriedades do catalisador e nas condições de reação[68-70].

A energia de ativação mais elevada é necessária para o craqueamento protolítico, tal como sugerido por Haag e Dessau. Assim, uma temperatura de reação elevada deve ser benéfica para a via de cracking protolítico. Além disso, este mecanismo de reação é mais dominante a baixa pressão parcial de hidrocarbonetos, baixa concentração de olefinas no reagente e baixa conversão. [71, 72] No que diz respeito às propriedades do catalisador, a topologia do zeólito (por exemplo, o tamanho e a forma dos poros) e as propriedades (por exemplo, a acidez, a relação Si/Al e o promotor, se modificado) influenciariam fortemente o mecanismo dominante. C. Mirodatos et al estudaram o craqueamento do decano em zeólito ZSM-5, MOR, FAU, e os resultados mostraram que a baixa razão Si/Al (alta densidade ácida), grandes volumes de poros é favorável para a reação de craqueamento bimolecular. [73] O mecanismo de craqueamento protolítico é dominante nos zeólitos selectivos de forma de poro médio, por exemplo, ZSM-5. A zeólita ZSM-5 promove a produção de olefinas leves, especialmente o propileno.

Alguns investigadores propuseram parâmetros que, com base nos dados de distribuição do produto, medem a probabilidade relativa de dois mecanismos de reação. Por exemplo, Wieler et al propuseram o conceito do rácio do mecanismo de craqueamento (CMR), ou seja, isobutano / (C1+C2), utilizado para representar a proporção relativa da reação monomolecular e bimolecular. C. Mirodatos propôs medir as proporções relativas dos dois através do rácio C_2/C_4 e C_3/C_4. [73] Yan Lijun et al utilizaram o processo de reação em cadeia de fissuração para unificar o mecanismo de fissuração monomolecular e bimolecular e apresentaram o "comprimento da cadeia de reação de fissuração (CCL)", que descreve a contribuição da reação bimolecular durante o processo. O CCL também tem uma boa correlação com a estrutura dos poros do zeólito. [74]

1.4 Desidrogenação oxidativa da parafina leve

A desidrogenação catalítica de alcanos leves para a produção de olefinas correspondentes tem sido industrializada desde 1930. Foram desenvolvidas tecnologias conexas como a Catofin, a Oleflex, a STAR e a FDB-4[75]. [75] A desidrogenação direta dos alcanos é uma reação reversível e endotérmica com um aumento das moléculas geradas, que é preferida a alta temperatura e baixa pressão. Os dados termodinâmicos para a desidrogenação do etano, do propano e do butano são calculados como se mostra no Quadro 1-1.

Como se pode ver na Tabela 1-1, é necessária uma temperatura elevada ($\geq$700 °C) para obter uma conversão considerável na desidrogenação de alcanos. Não só aumenta o consumo de energia, como também diminui a seletividade do produto, uma vez que a clivagem da ligação C-C é mais favorável do que a clivagem da ligação C-H em termos de termodinâmica a temperatura elevada. Além disso, o funcionamento a alta temperatura pode facilmente levar à formação de produtos de desidrogenação profunda, tais como compostos aromáticos policíclicos, que aceleram a coqueificação e a desativação do catalisador[75-78].

Reaction	Temperature(°C)	G(kJ/mol)	K
$C_2H_6 \rightarrow C_2H_4 + H_2$	500	38.72	2.41E-3
	600	25.29	0.03
	700	11.78	0.23
	800	-1.76	1.21
$C_3H_8 \rightarrow C_3H_6 + H_2$	500	24.50	2.21E-2
	600	11.11	2.16E-1
	700	-2.25	1.32
	800	-15.58	5.73
$C_4H_{10} \rightarrow 1\text{-}C_4H_8 + H_2$	500	19.78	4.75E-2
	600	5.20	4.89E-1
	700	-9.24	3.13
	800	-23.70	14.25

Quadro 1-1 Dados termodinâmicos da desidrogenação de alcanos leves

A desidrogenação oxidativa é proposta como uma abordagem para conduzir a reação à formação de olefinas leves. A reação principal é apresentada a seguir:

$$C_nH_{2n+2}+[O] \longrightarrow C_nH_{2n}+H_2O \qquad \text{Eq.1-8}$$

[O] representa várias espécies de oxigénio que podem desempenhar um papel na desidrogenação oxidativa, incluindo o gás oxigénio, o dióxido de carbono, o oxigénio dos óxidos de azoto e o oxigénio da rede no catalisador. O H_2 pode ser oxidado a H_2O na presença de oxigénio, de modo que a conversão pode ser melhorada devido ao aumento da constante de equilíbrio termodinâmico. A formação de coque e de produtos de craqueamento também pode ser suprimida a temperaturas mais baixas.

1.4.1 Catalisador

De um modo geral, o sistema de catalisador utilizado na desidrogenação oxidativa (ODH) de pequenos alcanos pode ser dividido nas três categorias seguintes:[79]

(1)Catalisador à base de metais alcalinos e alcalino-terrosos

(2)Catalisador de óxido metálico redutível;

(3)Outros sistemas catalisadores, como o óxido bórico ou fosfórico, a ga-

zeólito,

$$LaF_3/S_mO, SnO_2/P_2O_5.$$

A matéria-prima é um fator importante que influencia o desempenho do catalisador. Geralmente, o catalisador optimizado para a ODH do etano é diferente do do propano e do butano.

Entretanto, as condições de reação, tais como a temperatura de reação e o tempo de residência, também têm grande influência na atividade e seletividade do catalisador. Por conseguinte, os efeitos da matéria-prima alcano e das condições de reação devem ser tidos em conta na seleção de catalisadores para a desidrogenação oxidativa catalítica.

1.4.1.1 Catalisadores à base de metais alcalinos e alcalino-terrosos

A maioria destes catalisadores contém elementos dos grupos IA e IIA, entre os quais o catalisador à base de Li/MgO é o mais estudado. A aplicação do sistema de catalisadores Li/MgO inclui principalmente reacções de oxidação selectiva, como o acoplamento oxidativo do metano[80,81], a metilação oxidativa do acetonitrilo e a produção de acrilonitrilo[82,83] e a desidrogenação oxidativa de alcanos[84,85]. A vacância de oxigénio no

Li/MgO é derivada da desidratação ocorrida a 200~400 °C, que é inferior à do MgO puro. [86-88] Considera-se que a vacância na superfície do MgO criada pela presença de Li pode decompor o gás oxigénio adsorvido, resultando na formação de um centro ativo com carácter altamente nucleofílico. O centro denotado como $[Li^{+}O^{(-)}]$ é sugerido como o local ativo para reacções de oxidação selectiva. A adição de Cl pode aumentar consideravelmente a atividade do catalisador Li/MgO. [89,90] M.V Landau etal atribuiu a melhoria da atividade ao aumento da nucleofilicidade pelo Cl. St. Fuchs atribuiu-a ao aumento da área de superfície específica[91]. No entanto, alguns estudos demonstraram que a adição de Cl apenas melhorou ligeiramente a atividade catalítica na fase inicial da reação e acelerou a desativação do catalisador com o aumento do tempo de funcionamento[92]. Os óxidos de SnO_2, La_2O_3, Nd_2O_3 e Dy_2O_3 foram utilizados como aditivos no Li/MgO por S. J. Conway e S. Gaab e melhoraram a reatividade na reação de desidrogenação do etano[93]. [93] Entre estes, o catalisador LiCl/ Dy_2O_3/MgO produziu o maior rendimento de etileno, até 77%[94].

Este tipo de catalisador requer frequentemente uma temperatura de reação mais elevada (geralmente >600 °C). Apresenta uma elevada seletividade para o produto olefínico e uma baixa seletividade para o subproduto oxigenado. No entanto, os aditivos, como o Cl^-, escapam facilmente, o que reduz significativamente a atividade e a seletividade do catalisador.

1.4.1.2 Catalisador de óxido metálico redutível

O componente ativo deste tipo de catalisador é constituído principalmente por metais de transição óxidos com estados de valência variáveis, tais como V, Mo, Ce e outros óxidos. Têm sido amplamente utilizados em reacções de oxidação selectiva, tais como a desidrogenação oxidativa,[95,96] a oxidação selectiva do butano a anidrido maleico, [97,98] a ammoxidação do propano e a oxidação selectiva do metanol a formaldeído. [99-101]

Por razões de espaço, esta secção centra-se apenas nas investigações sobre o catalisador à base de vanádio, uma vez que é um dos sistemas catalíticos mais estudados para as reacções de ODH.

O vanádio tem estados de oxidação variáveis de +5, +4, +3 e +2. A interconversão de vanádio com diferentes estados de valência e a consequente formação de vacâncias de oxigénio fazem com que o vanádio seja amplamente utilizado em reacções de oxidação selectiva[102]. As investigações sobre catalisadores à base de vanádio centram-se principalmente em duas categorias: catalisadores de vanadato e catalisadores de vanádio suportados.

Os catalisadores V-Mg-O foram amplamente utilizados para estudar a desidrogenação oxidativa de etano, propano, butano, 2-metil propano e ciclo-hexano, e apresentaram diferenças significativas. Em geral, o transportador MgO não tem atividade para a reação de ODH, e a atividade e a seletividade aumentaram obviamente após a introdução de vanadia, e a seletividade de V-Mg-O é também superior à de V_2O_5. A V-Mg-O foi relatada como sendo particularmente selectiva para a desidrogenação oxidativa do propano. Apresenta maior seletividade para o propileno, em comparação com outros catalisadores de vanádio. A elevada seletividade é atribuída à superfície alcalina do MgO, que acelera a dessorção do propileno, evitando assim reacções secundárias. O catalisador foi aplicado pela primeira vez na desidrogenação oxidativa do butano por Kung em 1987[103]. Desde então, o sistema de catalisador tem sido objeto de extensa investigação. A caraterização por IR, Raman, XRD e et al demonstrou que não foram detectados grãos de $V_{(2)}O_5$ ao carregar V_2O_5 sobre a superfície de MgO, mas formaram-se vanadatos de magnésio devido à interação entre o V_2O_5 ácido e o MgO básico[104]. [104] Os vanadatos de magnésio apresentam estruturas variadas com diferentes rácios V/Mg e métodos de preparação, incluindo principalmente ortovanadato de magnésio ($Mg_3(VO_4)_2$), pirovanadato de magnésio ($Mg_2V_2O_{7)}$, vanadato de magnésio ($Mg_2V_2O_6$). [105] É difícil obter o correspondente vanadato de magnésio em fase pura com uma dada razão estequiométrica de V/Mg, mas geralmente a coexistência de diferentes vanadatos de magnésio. Esta situação é causada principalmente pela conversão incompleta da fase cristalina a uma temperatura de calcinação mais baixa, uma vez que só é possível obter um vanadato de magnésio puro a uma temperatura de calcinação elevada (>700 °C)[106,107].

Existe ainda controvérsia quanto à atividade e seletividade de diferentes vanadatos de magnésio em V-Mg-O. Tomando a ODH do propano como exemplo, o $Mg_3(VO_4)_2$ e o $Mg_2V_2O_7$ mostraram uma seletividade semelhante para o propileno, como demonstrado pelas curvas de seletividade do propileno vs. conversão estudadas por Gao et al.[108] Verificaram também que existia um efeito sinérgico entre o óxido de magnésio e o vanadato de magnésio, uma vez que a seletividade do propileno era a mais elevada com a co-presença das duas fases. De acordo com a literatura, o $V_{(2)}O_7$ tetraédrico foi referido como sítio ativo para a oxidação selectiva, e o $Mg_2V_2O_7$ mostrou melhor seletividade do que o $Mg_3(VO_4)_2$, que era mais favorável à oxidação profunda. [106] No entanto, Kung considerou o $Mg_3(VO_4)_3$ e o $Mg_2V_2O_7$ como fase ativa, e os dois apresentaram desempenhos semelhantes, enquanto o $Mg_2V_2O_6$ apresentou uma atividade e seletividade mais fracas, principalmente devido à menor taxa de transferência de oxigénio da rede e à maior dificuldade de reoxidação da vacância de oxigénio, ou seja, as propriedades redox do catalisador foram o fator-chave que determinou os seus desempenhos nas reacções de ODH. [109]

As propriedades e o desempenho do catalisador V-Mg-O podem ser modificados pela introdução de aditivos. Os elementos metálicos alcalinos, como o K e o Na, os elementos metálicos de transição, como o W, o Ni, o

Cr, o Nb, o Mo, o Sb e o Bi, e outros, como o P, o B e o Ga, foram objeto de um estudo aprofundado. [110-113] Considerou-se que os aditivos afectavam as propriedades redox do V-Mg-O e alteravam a atividade catalítica e a seletividade, mas as razões específicas eram ainda desconhecidas. Grasselli et al verificaram que a fase cristalina mista de $Mg_{1-x}BV_{2/3x}O_{2.5}$ e $Mg_{1-x}SbV_{2/3x}O_{3.5}$ se formaram após a introdução de B e Sb, respetivamente, o que melhorou eficazmente a seletividade do produto da reação ODH do butano.[113] A eletronegatividade dos aditivos foi fundamental para os desempenhos catalíticos após a modificação, tal como suposto por Stern et al. [114] Estudaram as influências de K, P e dos metais de transição Ni, Cr, Nb, Mo no catalisador V-Mg-O. Os resultados mostraram que o aumento das áreas superficiais específicas foi mais elevado do que o aumento das áreas superficiais específicas. Os resultados mostraram que se obteve um aumento das áreas de superfície específicas após a modificação por estes elementos, com exceção do Cr. Estes catalisadores comportaram-se de forma diferente na desidrogenação oxidativa do etano e do propano. Reduziram exclusivamente a atividade catalítica para a reação de ODH do propano, além de que a seletividade do propileno diminuiu com a introdução de K. Para a reação do etano, estes catalisadores melhoraram a seletividade do etileno, mas apenas o Cr e o Nb promoveram a atividade catalítica do catalisador V-Mg-O original. No entanto, não encontraram uma correlação clara entre a eletronegatividade dos aditivos e os desempenhos catalíticos resultantes.

As vantagens dos catalisadores de vanadia suportados incluem maior resistência mecânica, maior área de superfície específica e melhor estabilidade térmica, em comparação com o V_2O_5 a granel. O suporte não só afecta a acidez/basicidade superficial do catalisador, como também altera as propriedades redox das espécies de vanádio. A dispersão e a estrutura da unidade superficial de VO_x variaram muito em diferentes suportes, mesmo com a mesma densidade superficial de VO_x. Além disso, as naturezas dos próprios suportes, bem como a interação entre o suporte e as espécies de vanadias, foram todos sugeridos como factores importantes que afectam os desempenhos catalíticos. [115,116] Em geral, considerou-se que a acidez da superfície ou a basicidade do suporte tinha um grande impacto na seletividade do produto da reação de ODH, ou seja, o suporte básico contribuía geralmente para uma maior seletividade da olefina, uma vez que promovia a dessorção da olefina rica em electrões. [117-120]

Uma variedade de técnicas, incluindo a difração de raios X (XRD), a espetroscopia Raman, a espetroscopia UV-Vis, a RMN de 1H (^{51}V RMN), a espetroscopia de infravermelhos (IR), a ressonância de spin de electrões (ESR), a redução programada pela temperatura (TPR) e a oxidação programada pela temperatura (TPO), têm sido amplamente utilizadas para caraterizar a estrutura local das espécies de VO_x, bem como a interação entre o VO_x e o suporte.[116, 121-128] Em suportes básicos como MgO, Bi_2O_3, La_2O_3, Sm_2O_3, verificou-se uma forte interação, resultando geralmente na formação de uma fase cristalina de vanadato. Para suportes ácidos ou neutros, tais como TiO_2, Al_2O_3 e ZrO_2, a unidade VO_x existe como forma única ou isolada com uma carga baixa de vanádio, e depois evolui gradualmente para o estado polimerizado até à cobertura de monocamada; finalmente, formam-se cristais de V_2O_5 com o aumento da quantidade de vanádio no catalisador. [116, 119, 129] O ambiente local (oxidação ou redução, vapor de água, etc.) também pode ter um impacto significativo na morfologia das espécies VOx, para além do suporte e das cargas de vanádio. [116]

Entre os vários catalisadores de vanadias suportados, o catalisador V_2O_5/TiO_2 demonstrou superioridade na elevada atividade mesmo a baixa temperatura (250 °C), enquanto a maioria dos outros catalisadores é inativa na reação de ODH a uma temperatura tão baixa .[130,131] Routray e colaboradores descobriram que o V2O5/TiO2 podia ser mais facilmente reduzido do que o V2O5/A12O3 na cobertura de monocamada de vanádio, e a taxa de reação era significativamente mais elevada no primeiro catalisador[131]. No entanto, o catalisador ativo V2O5/TiO2 mostrou uma seletividade relativamente fraca em relação ao produto olefínico, uma vez que conduz facilmente à formação de produtos de oxidação profunda, ou seja, CO e CO_2. Chen et al prepararam uma série de catalisadores de vanádio suportados em diferentes óxidos e fosfatos, e os resultados da caraterização demonstraram a existência de vanádio altamente disperso nestes catalisadores (com uma carga de vanádio de 5%). [132] As reacções de ODH do propano sobre estes catalisadores foram investigadas para clarificar a relação entre os desempenhos catalíticos e as propriedades redox e de acidez/basicidade dos catalisadores. Verificaram que a redutibilidade dos catalisadores estava bem relacionada com a série galvânica do metal de suporte e a atividade catalítica na reação de ODH do propano. O catalisador de vanádio suportado em Al_2O_3 exibiu uma forte redutibilidade, o que significa que o oxigénio da rede superficial do catalisador pode ser facilmente removido e, consequentemente, deu uma elevada atividade de reação. No entanto, os sítios ácidos de Lewis sobre o suporte podem adsorver fortemente as espécies intermediárias da reação e os produtos de propileno, resultando facilmente numa oxidação profunda. Em contraste, os sítios básicos abundantes sobre o MgO não eram conducentes à ativação do propano, mas favoráveis à dessorção do propileno, pelo que se obteve uma melhor seletividade do propileno em virtude da redução da reação secundária. O catalisador suportado em $Zr_3(PO_4)_4$ foi superior em termos de atividade relativamente elevada e de seletividade do propileno. Atribuíram a elevada atividade à forte acidez da superfície, que favoreceu a ativação do propano ao atacar a ligação C-H secundária com uma densidade de carga relativamente elevada. Além disso, a fraca redutibilidade do catalisador ajudou a reduzir a reação de oxidação profunda e a melhorar a seletividade do propileno. Iglesia e os seus colaboradores também estudaram as reacções de ODH do propano sobre catalisadores de vanádio suportados em Al_2O_3, SiO_2, HfO_2, TiO_2 e ZrO_2 com quantidades de carga variadas[133]. Os resultados indicaram que a seletividade inicial para o propileno aumentou com o aumento da densidade superficial de VO_x sobre estes suportes. A morfologia da unidade superficial de VO_x foi controlada principalmente pela interação entre a vanadia e o suporte, dada a mesma densidade superficial de VO_x. No entanto, a frequência de rotação de uma unidade VO_x individual foi pouco influenciada pela identidade do suporte, desde que as unidades VOx apresentassem a mesma estrutura.

Alguns investigadores adoptaram um novo método de preparação ou alguns suportes menos comuns, para melhorar os desempenhos de reação dos catalisadores de vanádio suportados. O V_2O_5/SiO_2 foi preparado pelo método sol-gel, o que resultou numa área de superfície específica mais elevada com melhor dispersão de vanádio em comparação com o preparado pelo método de impregnação. [134] Além disso, a sua reatividade em relação à reação de ODH do butano foi superior, mas a seletividade do butileno em relação a eles foi praticamente a mesma. V. Cortes Corberan relatou que o catalisador de vanadia suportado em Ga_2O_3 apresentou um bom desempenho na reação de ODH. [135] O Nb_2O_5 foi proposto por Cherian como suporte favorável para a vanadia na reação de ODH com propano, uma vez que se obteve uma elevada frequência de rotação e seletividade de propileno sobre o V_2O_5/Nb_2O_5. [136] Os zeólitos contendo vanádio, tais como os zeólitos V-Al-P-O com estrutura AFI, foram também sugeridos como potenciais catalisadores na reação de ODH. [127,137]

1.4.1.3 Outro sistema catalisador

Os catalisadores à base de óxidos de terras raras foram também amplamente estudados na reação de desidrogenação oxidativa. Note-se que os óxidos de flúor à base de terras raras apresentaram um excelente desempenho catalítico nas reacções de ODH. Wan etal relatou que a conversão de propano e a seletividade de propileno atingiram 53,4% e 67,5%, respetivamente, sobre 3%Cs2O/2CeO2/CeF6 a 500 °C e alimentados com C3H/Q2/N2 (razão volumétrica de 4/5/11) com velocidade espacial de 6000 h^{-1}. Consideraram que a vacância de oxigénio à superfície se formou através da substituição do oxigénio da rede por F- do CeF_6. A presença de F- na superfície bloqueou o reagente das espécies activas de oxigénio e, consequentemente, evitou-se a oxidação profunda, o que resultou numa maior seletividade do produto[138].

Além disso, foram também utilizados catalisadores de zeólito modificados com metais para a reação de ODH. [139,140] Por exemplo, o zeólito Y, USY e ZSM-5 foram modificados por vários metais (incluindo B, Ga, In, Mg, Sn, Ca, Sb) através do método de troca iónica em estado sólido por B. Sulikowski et al. Entre estes zeólitos modificados, o Ga-ZSM-5 apresentou o melhor desempenho catalítico (seletividade de propileno de 40,4% a 10% de conversão de propano).

1.4.2 Mecanismo

O mecanismo da desidrogenação oxidativa catalítica de hidrocarbonetos varia muito consoante o catalisador. A reação de desidrogenação oxidativa sobre catalisadores à base de metais alcalinos/metais alcalino-terrosos e óxidos de terras raras requer normalmente uma temperatura relativamente elevada e considera-se que se processa através de um mecanismo heterogéneo-homogéneo. Especificamente, a molécula de alcano reage em primeiro lugar com espécies de oxigénio sobre a superfície do catalisador, resultando na formação de um radical livre de alcano através da remoção de um átomo de hidrogénio. O radical livre gerado pode sofrer desidrogenação adicional sobre a superfície do catalisador, com a formação do produto olefínico correspondente, ou reagir com o gás oxigénio, o que conduz facilmente a uma oxidação profunda, caracterizada pela produção de CO e CO_2. Em comparação, o catalisador de óxido metálico redutível requer uma temperatura mais baixa e as reacções seguem o mecanismo Redox, descrito a seguir.

O processo redox envolve duas etapas. Em primeiro lugar, as moléculas de hidrocarbonetos interagem com as espécies de oxigénio da rede superficial do óxido metálico redutível, pelo que o hidrocarboneto é oxidado e o óxido metálico é reduzido para um estado de valência inferior.

Subsequentemente, o óxido metálico reduzido é reoxidado pelo oxigénio em fase gasosa para restaurar o oxigénio da rede consumido. Este é um ciclo completo do processo Redox, que pode ser descrito pela seguinte equação.

$$C_nH_m + O_2 \longrightarrow C_nH_{m-2} + H_2O \qquad \text{Eq.1-9}$$

Expresso em duas etapas elementares:

$$C_nH_m + OM \longrightarrow C_nH_{m-2} + H_2O + M \qquad \text{Eq.1-10}$$

$$M + O_2 \longrightarrow OM \qquad \text{Eq.1-11}$$

Na equação acima, OM representa o óxido metálico no estado de alta valência, e M é o óxido metálico no estado de baixa valência.

A seletividade da oxidação catalítica depende em grande medida das diferentes espécies de oxigénio envolvidas na reação[141]. [141] O oxigénio nucleofílico da rede foi geralmente sugerido como espécie de oxigénio ativo para a reação de ODH de alcanos sobre catalisador de óxido metálico redutível, e a espécie de oxigénio electrofílico adsorvido foi considerada ativa para oxidações completas. A taxa de reação da reoxidação (etapa 2) é menor, pelo que é a etapa determinante da taxa do processo redox. O aumento da pressão parcial de oxigénio não pode melhorar eficazmente a velocidade de reação, mas conduz facilmente a uma diminuição da seletividade do produto. A razão para tal é que a ordem de reação do oxigénio da reação lateral é superior à da reação objetiva, pelo que o aumento da pressão do oxigénio é mais favorável à oxidação profunda. Entretanto, as espécies de oxigénio adsorvidas não selectivas também aumentam com a pressão de oxigénio, o que intensifica ainda mais a oxidação profunda e a degradação dos produtos. [142]

A fim de evitar a oxidação profunda pelo oxigénio em fase gasosa e melhorar a seletividade do produto, foram também envidados esforços no desenvolvimento de processos, como o reator de membrana e o leito fluidizado circulante[142]. [142] No caso de um reator de membrana utilizado para a oxidação selectiva de hidrocarbonetos, a membrana é preparada a partir de óxido metálico com atividade catalítica ou de algum material com elevada seletividade e elevada permeabilidade ao oxigénio. A membrana catalítica assume um papel importante no transporte de iões de oxigénio e de electrões, para evitar o contacto direto entre o gás oxigénio e as moléculas de hidrocarbonetos, como se mostra na Fig.1-2. Assim, a seletividade do produto pode ser significativamente melhorada. No entanto, a taxa de iões de oxigénio é lenta, o que limita a taxa de reação total. Além disso, o aumento de escala do reator de membrana é outro problema a resolver.

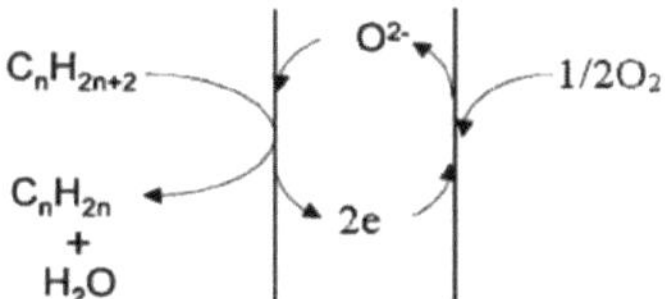

Fig.1-2 Gráfico das reacções de membrana catalítica

O leito fluidizado circulante (CFB) foi adotado na oxidação selectiva para melhorar a seletividade do produto. Durante o processo, o hidrocarboneto e o oxigénio gasoso foram introduzidos no reator e no regenerador, respetivamente. Consequentemente, o hidrocarboneto sofre uma oxidação selectiva com espécies de oxigénio do catalisador como doador exclusivo de oxigénio no reator. Depois, o catalisador reduzido é oxidado pelo oxigénio da fase gasosa para o seu oxigénio de rede restaurado. Por conseguinte, o processo decorre de acordo com o modelo Redox, ou seja, a redução e a reoxidação do catalisador são realizadas no reator e no regenerador, respetivamente.

A Fig.1-3 mostra a implementação da oxidação selectiva do butano a anidrido maleico numa unidade de leito fluidizado circulante desenvolvida pela Dupont. O butano é oxidado pelo catalisador VPO no reator de riser, para produzir o produto objetivo, o anidrido maleico.

O oxigénio da rede consumido no catalisador VPO é suplementado pela oxidação do ar para o estado de valência inicial e, em seguida, circula para o reator de riser. O n-butano não reagido pode ser separado e reciclado, pelo que o processo foi considerado como um processo amigo do ambiente. Além disso, o fenómeno de mistura de retorno é eliminado, e o rendimento e a seletividade do produto podem ser notavelmente melhorados.

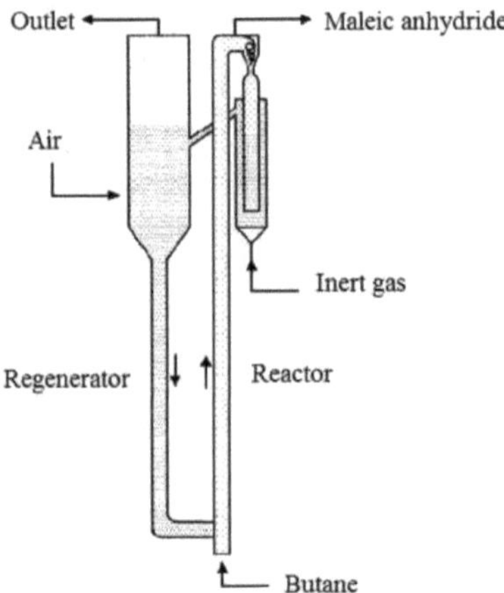

Fig.1-3 Esquema do reator de leito fluidizado circulante para oxidação selectiva do butano

1.5 Cracking oxidativo da parafina

1.5.1 Cracking oxidativo em fase gasosa

Os estudos sobre a oxidação de hidrocarbonetos em fase gasosa foram iniciados no princípio da década de 1950.

No entanto, este processo pode facilmente levar à formação de grandes quantidades de CO_2 e a uma menor utilização das matérias-primas. Assim, poucos progressos foram feitos nas décadas seguintes.

Atualmente, não é comum a investigação sobre o craqueamento oxidativo em fase gasosa de hidrocarbonetos parafínicos e nafténicos. Wenzhao Li e os seus colegas do Dalian Institute of Chemical Physics estudaram o craqueamento oxidativo do hexano, decano e ciclo-hexano, e descobriram que se obtinha uma conversão mais elevada e rendimentos de olefinas leves mesmo a uma temperatura de reação mais baixa, em comparação com o craqueamento térmico.[143-145] Além disso, a relação CO/CO_2 foi maximizada para utilizar eficazmente os recursos de carbono e reduzir a emissão de CO_2. Por exemplo, a conversão de ciclo-hexano atingiu 90% e resultou num rendimento de olefinas superior a 48%, acompanhado pela formação de CO e CO_2 com rendimento de 14% e 1% respetivamente, quando alimentado com uma mistura de ciclo-hexano e oxigénio (razão molar de 0,8) a 750 °C e tempo de residência de 0,17 s. A introdução de gás oxigénio funciona das seguintes formas: (1). Quebra o equilíbrio termodinâmico, melhorando assim a conversão da parafina; (2). Transformar as propriedades endotérmicas do cracking térmico em cracking oxidativo exotérmico e, eventualmente, permitir o auto-aquecimento; (3). Reduzir a energia de ativação da geração de radicais livres, ativar a ligação C-C e C-H e aumentar a taxa de reação. No entanto, a introdução de oxigénio conduziria inevitavelmente a potenciais problemas de segurança associados à mistura de hidrocarbonetos e oxigénio.

1.5.2 Cracking oxidativo catalítico

Em comparação com a desidrogenação oxidativa catalítica de alcanos leves, como o etano e o propano, o estudo do craqueamento oxidativo catalítico de alcanos mais pesados não é comum. Há mais reacções de craqueamento e é mais difícil controlar a seletividade do produto devido ao aumento do número de ligações C-C e C-H nos reagentes.

Boyadjian et al. estudaram o craqueamento oxidativo do n-hexano num catalisador de Li/MgO. [146,147] Concluiu-se que o hexano era primeiramente ativado pelo [Li+O-], que foi considerado como o local ativo para o craqueamento oxidativo. Subsequentemente, o radical hexilo produzido sofreu reacções complexas de radicais livres na presença de gás oxigénio, gerando pequenos hidrocarbonetos moleculares. O Li/MgO mostrou uma boa atividade e seletividade de olefinas para o craqueamento oxidativo, no entanto, pode facilmente tornar-se inativo, especialmente na presença de dióxido de carbono, que tem um efeito tóxico óbvio no Li/MgO.[148-150] Em seguida, o MoO_3 com propriedades redox foi utilizado para modificar o catalisador Li/MgO, e os resultados mostraram uma estabilidade melhorada quando modificado com uma pequena quantidade de MoO_3 (0,5wt.%), uma vez que ajudou a manter uma área de superfície elevada após a calcinação a 600 °C, e a evitar a geração de $LiCO_3$ a partir de CO^2 e [Li^+ $^{O(-)}$]. Um estudo comparativo do craqueamento oxidativo em fase gasosa e do craqueamento oxidativo catalítico do hexano sobre catalisador HZSM-5, 10% La_2O_3/HZSM-5, 0,25%Li/MgO foi efectuado por Xuebin Liu et al.[151] As conversões sobre os três catalisadores foram inferiores às do craqueamento oxidativo em fase gasosa pura, enquanto a seletividade dos produtos CO_X foi superior (700 °C, GHSV de 30000 h^{-1}, $C_6/O_2/N_2$ de 12/15/93 mL/min). Entre os três catalisadores, Li/MgO mostrou a melhor atividade e seletividade para olefinas, mas a sua seletividade para CO_2 foi tão elevada como 10%. Em termos de reatividade e seletividade do produto, nem o Li/MgO nem os catalisadores da série ZSM-5 podem competir com o cracking oxidativo em fase gasosa pura.

O'Connor et al propuseram uma reação oxidativa rápida (com tempo de residência em milissegundos), que combina a reação catalítica heterogénea e a reação homogénea em fase gasosa[152]. A oxidação do etano, do propano, do butano e do ciclo-hexano foi estudada em Pt suportada num catalisador monolítico de espuma cerâmica. Sugeriram que o calor da geração de CO_x era um fator chave para o auto-aquecimento e para melhorar a seletividade das olefinas leves. O gás hidrogénio foi introduzido na desidrogenação oxidativa do etano [153]. [153] Verificou-se que reduzia eficazmente a interação entre o oxigénio gasoso e os hidrocarbonetos, resultando numa menor formação de COx e numa melhor seletividade das olefinas. Consideraram que o oxigénio era preferencialmente consumido pelo hidrogénio e que a reação exotérmica dos dois assegurava a desidrogenação subsequente do etano realizada em condições autotérmicas. As influências da introdução de hidrogénio foram também avaliadas por Xuebin Liu et al no craqueamento oxidativo do n-hexano sobre HZSM-5, Pt/HZSM-5 e Pt/γ-Al_2O_3. Os resultados mostraram que a introdução de hidrogénio melhorou de forma não excecional a conversão de hexano e reduziu a seletividade de CO_X. Tomando Pt/HZSM-5 como exemplo, a conversão atingiu 78%, e a seletividade de olefinas leves ($C_2^= + C_3^= + C_4^=$), BTX e COx foram 57,4%, 6,7% e 2,7% respetivamente, a 650 °C e GHSV de 30000 h^{-1}, com uma alimentação de C6/O2/H2/N2 de 12/15/45/48 (ml/min).

Capítulo 2

Experimental

2.1 Preparação do catalisador

2.1.1 Preparação do catalisador ZSM-5

O catalisador ZSM-5 foi obtido por agitação de uma mistura de zeólito ZSM-5 (razão molar Si/Al de 38, adquirido à Naikai University Catalyst Co., Ltd), matriz e aglutinante com uma determinada proporção numa substância homogénea, seguida de secagem num forno a 120 °C durante 6 horas e calcinação a 700 °C durante 4 horas. Os materiais resultantes foram triturados e peneirados em partículas de 80-200 μm para utilização.

2.1.2 Preparação de catalisadores de óxidos metálicos suportados

Os catalisadores de óxidos metálicos redutíveis suportados foram preparados pelo método de impregnação húmida. Tomando como exemplo a preparação do catalisador V_2O_5/Al_2O_3, uma determinada quantidade de V_2O_5 e $H_2C_2O_4$-$2H_2O$ foi adicionada a água desionizada colocada num banho de água a 80 °C durante 30 minutos, dando origem a uma solução azul clara de oxalato de vanadilo. De acordo com a quantidade necessária do componente ativo, a solução é mergulhada numa quantidade fixa de suporte de γ-Al_2O_3, torrada a 100 °C e calcinada a 600-700 °C durante 2 horas. As preparações de MoO_3/Al_2O_3, WO_3/Al_2O_3, CeO_2/Al_2O_3 e CuO/Al_2O_3 foram obtidas por impregnação de γ-Al_2O_3 com as respectivas soluções de sal de amónio ou de sal de nitrato .

Todos os reagentes necessários para a síntese foram adquiridos à Sinopharm Chemical Reagent Co., Ltd. Os zeólitos ZSM-5 com um rácio Si/Al de 38 foram obtidos da Nankai University Catalyst Co., Ltd.

2.2 Método de caraterização

2.2.1 Difração de raios X

A cristalinidade e a pureza das fases dos catalisadores foram determinadas por difração de raios X em pó (XRD) no difratómetro X'Pert PRO MPD (DANalytical Co.), utilizando radiação Cu Ka e funcionando a 40 kV e 40 mA, com uma velocidade de varrimento de 10 /min.◦

2.2.2 adsorção de N_2

As medições de adsorção de N_2 foram efectuadas num instrumento Micromeritics ASAP 2010 para determinar a área de superfície específica e a distribuição do tamanho dos poros das amostras de catalisador. Todas as amostras foram desgaseificadas a 300 °C durante a noite antes da análise. A área de superfície específica foi calculada utilizando a equação BET. O volume total de poros foi obtido pelo volume de azoto líquido adsorvido a uma pressão relativa de 0,995. A área de superfície dos microporos e o volume dos microporos foram determinados pelo método t-plot. A distribuição do tamanho dos poros foi determinada pelo método BJH utilizando o ramo de dessorção das isotérmicas.

2.2.3 Espectro de infravermelhos com transformada de Fourier

Os espectros FT-IR do produto líquido orgânico foram determinados no instrumento Nicolet Nexus de transformada de Fourier à temperatura ambiente e registados na gama de 4000- 400cm^{-1}.

Para distinguir a acidez de Bronsted e de Lewis do catalisador, os espectros FT-IR foram registados utilizando a molécula de piridina como sonda no modo in-situ-DRIFT. As amostras foram primeiramente calcinadas em fluxo de ar a 600 °C durante 4 horas, seguidas de adsorção de piridina à temperatura ambiente durante 24 horas. Após a adsorção, as amostras foram aquecidas à temperatura desejada (200, 350 e 450 °C) com purga de N_2 durante 30 minutos, seguindo-se o arrefecimento à temperatura ambiente e o registo dos espectros. A molécula de piridina adsorvida no sítio ácido de Bronsted produzirá o ião piridina, que é caracterizado pela banda de absorção a ~1550 cm^{-1} do espetro infravermelho. O complexo Py-L formado pela adsorção de piridina no sítio ácido de Lewis é caracterizado pela banda a ~1450 cm^{-1}. A banda de adsorção a ~1490 cm^{-1} é considerada como efeito combinado dos sítios ácidos de Bronsted e de Lewis. Os espectros registados após dessorção a 200, 350, 450 °C representam a acidez total, a acidez média-forte e a acidez forte, respetivamente.

2.2.4 Dessorção programada por temperatura

A acidez da amostra de catalisador foi medida por dessorção programada por temperatura (TPD) utilizando amoníaco como molécula de sonda no instrumento Tianjin Xianquan TP-5079. As amostras foram pré-tratadas em fluxo de hélio a 600 °C durante 2 horas, depois foram arrefecidas a 100 °C, seguindo-se a adsorção de amoníaco durante 1 hora. O amoníaco fisicamente adsorvido foi removido por evacuação da amostra a 100 °C durante 1 hora em fluxo de hélio. A dessorção do amoníaco foi efectuada em fluxo de hélio a uma taxa de aquecimento de 10 °C/minuto até 650 °C. A concentração de amoníaco no gás de saída foi monitorizada continuamente com um detetor TCD.

2.2.5 Redução programada da temperatura

As experiências de redução programada pela temperatura do $H_{(2)}$ (H_2-TPR) foram efectuadas utilizando o instrumento Quantachrome ChemBET 3000. As amostras foram tratadas em efluente de O_2/He (30 mL/min, 5% O_2) a 600 °C durante 30 min e depois mudaram para um fluxo de He durante mais 30 min. Depois disso, as amostras foram arrefecidas até à temperatura ambiente e depois aquecidas a 900 °C a uma taxa de 10 °C /min numa mistura de H_2/He (30 mL/min, 5% H_2). O consumo de hidrogénio foi monitorizado por um cromatógrafo de gás em linha equipado com um TCD.

2.2.6 Espectroscopia de fotoelectrões de raios X

As medições XPS foram efectuadas num sistema Thermo Scientific ESCALab250 equipado com uma fonte monocromática de Al Ka de 150 W. Antes da análise, as amostras foram desgaseificadas num forno de vácuo durante a noite. A pressão de base na câmara durante a análise foi de cerca de $6,5*10^{-10}$ mbar. As energias de ligação foram referenciadas à linha C1s a 284,8 eV de alquilo ou carbono adventício. Os dados foram analisados pelo programa Avantage 4.15 e foi utilizada uma função Shirley para subtrair o fundo. Os sinais V2p XPS foram ajustados com curvas mistas Lorentziano-Gaussianas.

2.3 Método experimental

2.3.1 Tratamento hidrotermal

Os catalisadores ZSM-5 frescos foram tratados hidrotermicamente numa unidade de reator de leito fixo construída no laboratório (Fig. 2-1) a uma temperatura entre 600 e 800 °C, e um caudal de água de 0,4-1,0 mL/min durante 2-8 horas.

Tipicamente, o catalisador ZSM-5 foi tratado a 780 °C e 0,6 mL/min durante 4 horas para atingir um estado de equilíbrio, se não for especialmente observado.

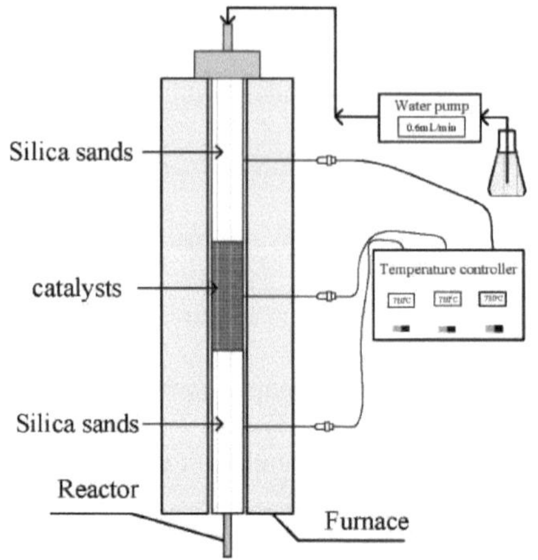

Fig. 2-1 Esquema da unidade de reator de leito fixo para tratamento hidrotérmico do catalisador

2.3.2 Ensaio catalítico num reator de leito fixo

O desempenho do catalisador foi avaliado num reator de leito fixo, como se mostra na Fig. 2-2. Os catalisadores com um tamanho de partícula de 80-200 μm foram carregados no reator de aço inoxidável. Antes da reação, os catalisadores foram pré-purgados com azoto gasoso durante 30 minutos. A reação foi realizada de duas formas à pressão atmosférica, nomeadamente, as vias de fluxo A e B mostradas na figura, representando a alimentação por impulsos e a reação contínua, respetivamente. No modo de alimentação por impulsos, o reagente foi transportado para o reator por azoto gasoso a 30 ml/min através de uma válvula de seis vias. No modo de reação contínua, a alimentação foi continuamente bombeada para o reator a uma velocidade de 2 mL/min para entrar em contacto com o catalisador e completar a reação. Após a reação, os produtos gasosos e líquidos foram separados por condensação em banho de gelo e recolhidos para análise posterior.

2.3.3 Ensaio catalítico numa unidade de leito fluidizado circulante

A unidade de leito fluidizado circulado (CFB) era composta principalmente por um reator de riser (com um comprimento de 2,8 m e um diâmetro interior de 17 mm), um desacoplador e um regenerador (Fig.2-3). A alimentação foi introduzida por uma bomba a um ritmo de 6 mL/min, fluindo para cima a partir do injetor no fundo do reator de coluna, entrando em contacto com os catalisadores para reação em 12 s sob pressão atmosférica a cerca de 570 °C (saída do reator). A relação entre os catalisadores (diâmetro das partículas 80-200 m) e a alimentação de n-heptano durante a reação foi de cerca de 12 (m/m). A diferença de temperatura entre a entrada e a saída do reator ascendente foi de cerca de 20 °C. Após um ciclo de reação, os produtos e as misturas de catalisadores foram separados no desacoplador; os produtos gasosos e líquidos foram recolhidos e medidos respetivamente após o sistema de condensação.

Os catalisadores usados foram transferidos para o regenerador para regeneração no ar a 700 °C por queima de coque e reoxidação da vanadia reduzida. Consequentemente, os catalisadores circulavam entre o reator de subida e o regenerador a um ritmo de cerca de 3 vezes por hora. O tempo de reação para cada reação contínua foi de 90 minutos, e o balanço de massa destas reacções variou entre 96 e 98%.

2.3.4 Análise do produto

A composição dos produtos gasosos foi analisada por cromatografia Varian 3800, com um detetor TCD acoplado a uma coluna capilar de crivo molecular 5A e 13X para determinar os teores de hidrogénio, azoto e óxido de carbono, e um detetor FID acoplado a uma coluna capilar Al_2O_3 PLOT para determinar a composição de hidrocarbonetos. A análise dos produtos orgânicos líquidos foi efectuada em cromatografia HP5890 com detetor FID e coluna capilar PONA por método de análise de três fases com temperatura programada.

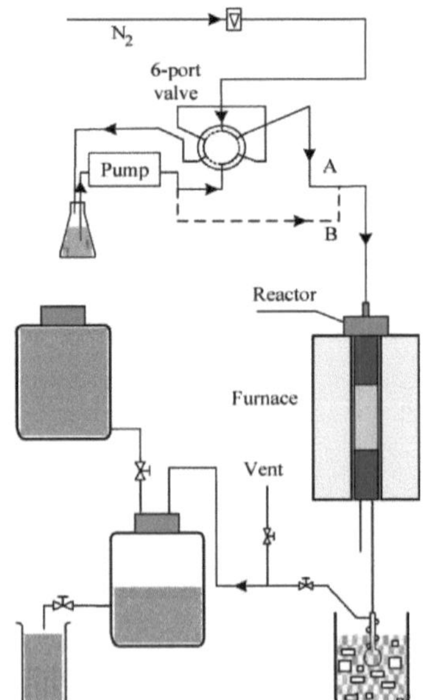

Fig.2-2 Esquema da unidade do reator de leito fixo

2.3.5 Análise do conteúdo da Coca-Cola

O teor de coque do catalisador usado foi determinado por um analisador de carbono estabelecido pelo laboratório, como mostra a Fig. 2-4. O instrumento é composto principalmente por 3 partes: queima do coque, purificação do gás e cromatografia. A quantidade de carbono foi determinada pela quantidade de CO_2 gerado pela combustão do coque depositado na superfície do catalisador.

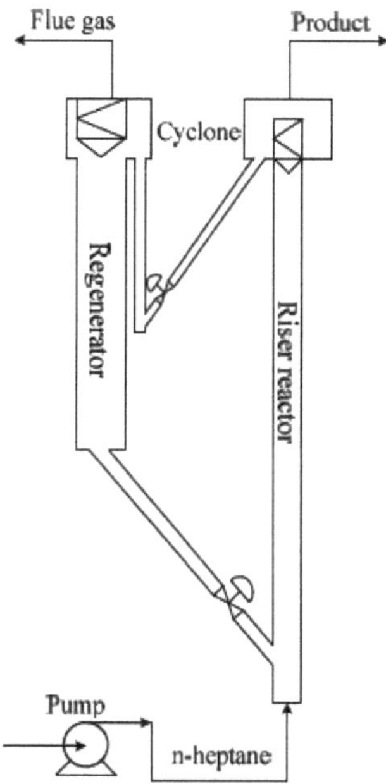

Fig. 2-3 Esquema da unidade de leito fluidizado circulante

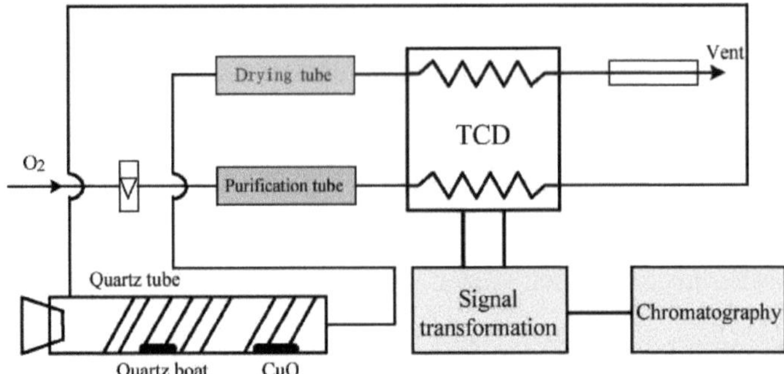

Fig. 2-4 Esquema do equipamento de deteção do teor de coque do catalisador

Capítulo 3

Comportamento do craqueamento do n-Heptano sobre o catalisador ZSM-5

Como um dos principais constituintes da nafta de destilação direta, a parafina é uma matéria-prima ideal para o craqueamento a vapor para a produção de olefinas leves. A palavra "parafina" tem origem no latim "parum affinis", que significa "não afinidade". A parafina é estável em condições moderadas devido à sua baixa reatividade. É difícil para a parafina atingir uma conversão considerável numa única passagem, mesmo com um catalisador de zeólito ativo a uma temperatura mais baixa (<600 °C). Corma e os seus colaboradores estudaram o craqueamento de nafta leve de escoamento direto (LSR) e nafta de craqueamento catalítico fluido (FCC) sobre catalisador à base de zeólito Y com aditivo à base de zeólito ZSM-5. Os resultados indicaram que a nafta LSR só rachou em alta severidade, produzindo grandes quantidades de gás seco. [154] Chunyi Li et al também descobriram que a parafina na gasolina leve não rachava ao reciclar a gasolina no riser de segundo estágio durante estudos sobre o processo de "rachadura catalítica de fluido de riser de dois estágios para maximizar a produção de propileno". [155] Verifica-se que o craqueamento da parafina é o ponto de estrangulamento para o desenvolvimento do processo de craqueamento catalítico da nafta. Por conseguinte, é necessário estudar o comportamento do craqueamento da parafina isoladamente sobre um catalisador de zeólito ácido.

Numerosos trabalhos de investigação têm sido dedicados ao craqueamento da parafina sobre zeólito puro, centrados principalmente na cinética da reação, no desenvolvimento de novos catalisadores e na exploração de factores-chave que determinam o desempenho do catalisador. [41,68,74,156- 159]

Em aplicações industriais, os catalisadores são geralmente preparados através da dispersão do componente ativo do zeólito em suportes, e a presença de vários suportes tem também um efeito notável nas propriedades dos catalisadores. Além disso, existe uma grande diferença entre o catalisador fresco e o catalisador de equilíbrio na utilização prática.

O presente estudo utilizou o n-heptano como composto modelo e a zeólita ZSM-5 como componente ativo do catalisador, devido à sua superior seletividade para olefinas leves, especialmente o propileno.

Neste capítulo, foram discutidos os comportamentos do craqueamento do n-heptano sobre catalisadores à base de zeólito ZSM-5, incluindo principalmente a influência da razão Si/Al no ZSM-5 e nos suportes, o tratamento hidrotérmico e as caraterísticas do craqueamento do n-heptano sobre catalisadores ZSM-5 frescos e em equilíbrio, respetivamente.

3.1 Comparação do n-heptano e do 1-hepteno cracking sobre catalisador ZSM-5

O craqueamento de n-heptano e 1-hepteno sobre o catalisador HZSM-5 foi estudado comparativamente, e os resultados estão listados na Tabela 3-1. A reação foi realizada num reator de leito fixo em modo de reação por impulsos alimentado por n-heptano de 1,2 g e uma quantidade de catalisador de 1 g a 500 °C com um caudal de gás de transporte de 30 mL/min.

Verificou-se que a reatividade de craqueamento do 1-hepteno era obviamente mais elevada do que a do n-heptano. Apesar da menor conversão do n-heptano, o rendimento de hidrogénio e de alcanos leves, como o metano e o etano, foi significativamente mais elevado. Em contraste, o cracking do 1-hepteno foi caracterizado por um elevado teor de olefinas e hidrocarbonetos isoméricos. O craqueamento do n-heptano e do 1-hepteno produziu um rendimento semelhante de gás seco (soma de hidrogénio, metano, etano e etileno), mas obteve-se um maior GPL (soma de propano, propileno, butano e butilenos) com uma relação parafina/olefina (P/O) inferior de 0,23, em comparação com um menor GPL com uma relação P/O de 1,51 para o craqueamento do n-heptano.

Reactant	n-heptane	1-heptene
	Conversion, % (m/m)	
	43.74	94.53
	Yield, % (m/m)	
H_2	0.15	0.06
CH_4	0.33	0.16
C_2H_6	1.72	0.38
C_2H_4	2.66	4.49
C_3H_8	12.12	5.75
C_3H_6	6.88	22.51
i-C_4H_{10}	2.02	3.73
n- C_4H_{10}	4.28	1.97
tran-C_4H_8	1.05	4.96
1-C_4H_8	0.83	3.69
i-C_4H_8	2.36	12.25
cis-C_4H_8	0.79	3.74
Arene	1.93	4.45
Dry gas	5.50	5.08
LPG	40.21	58.60
	Molar ratio	
C_3/C_4	2.21	1.24
P/O(in LPG)	1.51	0.23

Quadro 3-1 Comparação dos desempenhos de craqueamento do n-heptano e do 1-hepteno

Para uma reação simplificada de craqueamento do n-heptano e do 1-hepteno, o primeiro deve gerar uma molécula de parafina mais pequena e uma molécula de olefina mais pequena, enquanto o segundo produz duas moléculas de olefina mais pequenas. Por conseguinte, foram definidos dois índices de transferência de hidrogénio diferentes para medir a probabilidade de reacções de transferência de hidrogénio durante os dois processos de craqueamento. Para o craqueamento do 1-hepteno, o propano e o butano foram inteiramente produzidos por reações de transferência de hidrogénio, pelo que o índice de transferência de hidrogénio foi calculado pela razão molar de $(C_3^0+C_4^0)/(\Sigma C_3+\Sigma C_4)$. No entanto, o propano e o butano nos produtos do craqueamento do n-heptano resultaram apenas parcialmente da reação de transferência de hidrogénio. Numa reação típica de transferência de hidrogénio, duas moléculas de moléculas de olefinas são convertidas numa molécula de parafina e 1/3 de molécula de composto aromático. A razão molar calculada por $(C_3^0+C_4^0-C3-C4^{==})/((\Sigma C_3+\Sigma C_4)*2)$ foi utilizada para avaliar a possibilidade de reação de transferência de hidrogénio no craqueamento do n-heptano. Com base nos resultados experimentais, os índices foram de 0,102 e 0,187 para o craqueamento do 1-hepteno e do n-heptano, respetivamente. Este resultado indica que houve mais reacções de transferência de hidrogénio no processo de cracking do 1-hepteno, possivelmente devido à maior concentração de olefinas nos produtos primários.

De um ponto de vista teórico, o craqueamento do hidrocarboneto linear C_7 produz C_3 e C_4 equimolares. No entanto, os produtos primários sofrem normalmente reacções secundárias. Devido à maior reatividade do C_4, a razão de $C_{(3)}/C_4$ foi maior do que um nos dois casos. Vale a pena notar que a razão de C_3/C_4 foi significativamente maior nos produtos do craqueamento do n-heptano, e a reação secundária de C_4 não foi claramente suficiente para explicar o resultado acima.

Para comparar a distribuição de produtos entre o craqueamento do 1-

hepteno e do n-heptano, foram obtidas conversões semelhantes aumentando a quantidade de catalisador para o craqueamento do n-heptano, mantendo a mesma altura do leito de catalisador (diluído por areias quartzosas) sob as mesmas condições de reação. Os resultados são mostrados na Tabela 3-2.

A distribuição geral dos produtos, em termos de proporção do produto gasoso (soma do gás seco e do GPL), do produto líquido e do coque, era próxima para o craqueamento do n-heptano e do 1-hepteno. Mas as composições detalhadas dos produtos eram bastante diferentes. O craqueamento do n-heptano produziu muito mais gás seco e menos GPL, que representou 20,8% e 58,3%, respetivamente, enquanto o gás seco produzido pelo craqueamento do 1-hepteno representou apenas 6,3%, e o GPL teve uma percentagem de 72,9%. Além disso, o hidrogénio, o metano e o etano ocupavam uma proporção significativa no gás seco do craqueamento do n-heptano, mas o etileno era o principal constituinte do gás seco do craqueamento do 1-hepteno. Em termos da composição do gás de petróleo liquefeito, o teor de olefinas do GPL, ou propileno e butilenos, era muito mais elevado no produto do cracking do 1-hepteno. O produto líquido do cracking do n-heptano era principalmente aromático, representando cerca de 87,8%, o que era muito mais do que o produto líquido do cracking do 1-hepteno.

Tabela 3-2 Comparação dos resultados de craqueamento do n-heptano e do 1-hepteno

	n-heptane	1-heptene
	Conversion, % (m/m)	
	98.12	94.53
	Product distribution, % (m/m)	
Dry gas	20.84	6.32
LPG	58.27	72.92
Gasoline Product	15.82	15.88
Coke	5.07	4.88
	Gas Composition, % (m/m)	
H_2	0.94	0.09
CH_4	4.56	0.25
C_2H_6	9.28	0.60
C_2H_4	11.54	7.05
C_3H_8	41.22	9.02
C_3H_6	13.37	35.35
C_4H_{10}	13.33	8.96
C_4H_8	5.72	38.57
C_3/C_4(mol/mol)	3.78	1.24
	Liquid Product Composition, % (m/m)	
P	7.71	11.96
O	2.43	57.60
N	2.07	3.57
A	87.78	26.17

De acordo com o índice de transferência de hidrogénio proposto acima, as probabilidades de reacções de transferência de hidrogénio durante os dois processos foram comparadas. O valor foi de 0,235 e 0,187 para o cracking do n-heptano e do 1-hepteno, respetivamente. Isto indica que houve mais ocorrências de reacções de transferência de hidrogénio no processo de craqueamento do n-heptano. A razão molar de C_3/C_4 aumentou para cerca de 3,78 quando a conversão de heptano melhorou, o que ainda era muito maior do que a do craqueamento de 1-hepteno.

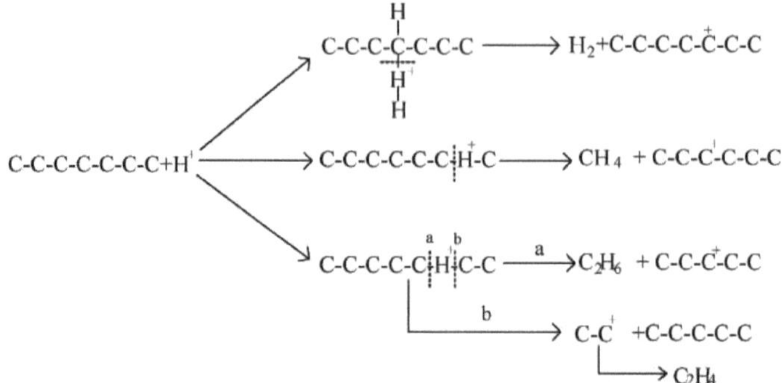

Fig. 3-1 Vias de formação propostas para os componentes do gás seco do cracking protolítico do n-heptano

Para além do mecanismo clássico do ião carbénio, o craqueamento da parafina também pode ocorrer através da via de craqueamento protolítico. O mecanismo clássico do ião carbénio é também descrito como via de craqueamento bimolecular, durante a qual se forma um novo carbénio por transferência de hidreto entre um ião carbénio original e a molécula de parafina, seguido de craqueamento β e uma série de outras reacções. A via de craqueamento protolítico é também designada por via de craqueamento monomolecular, que se caracteriza por um ião carbénio penta-coordenado como intermediário ativo por protonação da molécula de parafina sobre um local ácido de protões fortes. O ião de carbono pode ainda ser clivado em hidrogénio e metano, etano e outros pequenos alcanos[160]. [160] De acordo com esta teoria, a formação de gás seco durante o craqueamento catalítico da parafina não foi o único resultado do craqueamento térmico. Esta teoria explica bem o teor mais elevado de hidrogénio, metano e etano no produto do craqueamento do n-heptano. A via de formação do gás seco através do craqueamento protolítico do n-heptano foi representada na Fig. 3-1. Durante o processo de craqueamento da parafina, existem as duas vias, e a probabilidade relativa das mesmas desempenha um papel decisivo na distribuição do produto final. Wielers propôs o "rácio do mecanismo de fissuração (CMR)", que pode ser calculado pela equação de $(C1+\Sigma C2)$/i-butano, para descrever a probabilidade relativa da via de fissuração protolítica e da via de fissuração P[161]. [161] Por cálculo, o valor CMR foi de 10,9 para o craqueamento do n-heptano a uma conversão de 98,1%, o que indicou que a via de craqueamento protolítico desempenhou um papel importante no processo.

Para além do craqueamento P, o hidrocarboneto C_3 também pode ser produzido por via de craqueamento protolítico durante o processo de craqueamento do n-heptano. Por conseguinte, havia mais formas de gerar hidrocarbonetos C_3 no cracking do n-heptano, o que explica a razão C_3/C_4 mais elevada. Para o craqueamento de hidrocarbonetos C_7, a razão C_3/C_4, em certa medida, reflecte a probabilidade relativa de craqueamento monomolecular e bimolecular, e os resultados coincidem com os valores CMR discutidos na secção anterior.

De acordo com a discussão acima, a diferente distribuição de produtos foi atribuída em grande parte ao craqueamento protolítico do n-heptano.

3.2 Comportamento do craqueamento do n-heptano sobre catalisador ZSM-5 fresco

3.2.1 Influência do Si/Al do zeólito ZSM-5

Para um determinado zeólito, a relação Si/Al é um fator importante que influencia o desempenho catalítico. A propriedade ácida do ZSM-5 com Si/Al variado foi caracterizada pela dessorção programada pela temperatura do amoníaco (NH3-TPD), e os resultados foram apresentados na Fig. 3-2 e na Tabela 3-3.

Foram observados dois picos de dessorção nas curvas NH3-TPD do zeólito HZSM-5 com diferentes rácios Si/Al, correspondendo a sítios de ácidos fortes e fracos, respetivamente.

Os resultados quantitativos da quantidade de ácido obtidos na Fig. 3-2 foram resumidos na Tabela 3-3. Com o aumento da razão Si/Al de 38 para 76, a quantidade total de ácido do zeólito ZSM-5 diminuiu de 1234 µmol/g para 763 µmol/g, e a quantidade de sítios de ácido forte e sítios de ácido fraco diminuiu em 43,2% e 30,3%, respetivamente.

A quantidade total de ácido reduziu-se ainda mais para 583 µmol/g com o aumento do rácio Si/Al para 112.

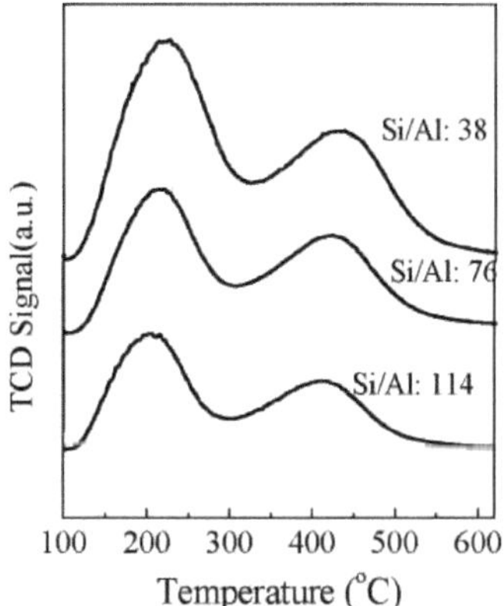

Fig. 3-2 Curvas NH_3-TPD do zeólito HZSM-5 com diferentes razões molares Si/Al

HZSM-5	Si/Al Atomic Ratio	Peak position(℃)	Acid amount(μmol/g)		strong acidity /weak acidity
a	38	227	752	1234	0.641
		438	482		
b	76	220	427	763	0.787
		424	336		
c	114	206	335	583	0.740
		411	248		

Table 3-4 Catalytic reaction results of HZSM-5 catalyst with different Si/Al ratio

Catalyst	A	B	C
		Conversion, % (m/m)	
	54.27	36.41	29.34
		Gas yield, % (m/m)	
H_2	0.21	0.14	0.11
CH_4	0.72	0.39	0.32
C_2H_6	3.41	2.01	1.73
C_2H_4	7.11	4.84	3.74
C_3H_8	14.28	9.26	7.62
C_3H_6	11.09	8.32	7.23
i-C_4H_{10}	1.87	0.93	0.68
n- C_4H_{10}	5.64	3.65	2.81
tran-C_4H_8	1.23	0.72	0.66
1-C_4H_8	1.19	0.83	0.74
i-C_4H_8	2.88	2.06	1.55
cis-C_4H_8	1.02	0.61	0.52
Dry gas	11.45	7.38	5.9
LPG	39.2	26.38	21.81
		Yield of aromatics, %(m/m)	
	1.37	0.77	0.54
		Molar ratio	
C_3/C_4	2.43	2.65	2.83
$C_3^= / C_3^0$	0.81	0.94	0.99
$C_4^= / C_4^0$	0.87	0.95	1.03
P/O(of LPG)	1.20	1.06	1.00

Quadro 3-3 Resultados quantitativos de NH_3-TPD do zeólito HZSM-5

Os catalisadores HZSM-5/Kaolin foram preparados através da dispersão do zeólito ZSM-5 com diferentes proporções de Si/Al sobre a matriz de Kaolin. Os desempenhos catalíticos destes catalisadores foram avaliados num reator de leito fixo a 500 °C, com injeção de alimentação de 1,2 g transportada por N_2 de 30 mL/min e quantidade de catalisador de 1 g.

A conversão de n-heptano diminuiu significativamente com o aumento da razão Si/Al do zeólito HZSM-5, e foram 54,27%, 36,41% e 29,34% para catalisadores com razão Si/Al de 38, 76 e 114, respetivamente. Entretanto, o rendimento dos principais produtos também diminuiu em diferentes graus, por exemplo, o propileno diminuiu de 11,09% para 8,32% e 7,23%, e o buteno diminuiu de 6,32% para 4,22% e 3,47%. O rendimento de propano e butano diminuiu em maior medida. Por conseguinte, a relação entre o propileno/propano e o buteno/butano aumentou, ou seja, o teor de olefinas no GPL melhorou. A redução da conversão estava estreitamente relacionada com a diminuição da quantidade de ácido, de acordo com os resultados apresentados no Quadro 3-3. Além disso, a menor densidade de ácido resultou em menos reacções de transferência de hidrogénio e, consequentemente, melhorou o teor de olefinas do GPL. A razão molar de C_3/C_4 também aumentou com a razão Si/Al do ZSM-5, sugerindo mais ocorrências de craqueamento protolítico. Os resultados corroboraram que a rota de craqueamento protolítico foi favorecida em zeólitos com maior relação Si/Al.

3.2.2 Influências do apoio

Foram efectuados estudos aprofundados sobre a conversão da parafina em zeólito puro, tendo sido geralmente negligenciada a influência dos suportes. A utilização de zeólito sozinho como catalisador de craqueamento é confrontada com o problema de fácil coqueificação, baixa resistência mecânica, etc.

Por conseguinte, a zeólita raramente é aplicada isoladamente na prática, mas é utilizada como componente ativo através da dispersão sobre um suporte, o que tem um efeito considerável no desempenho catalítico global. No presente estudo, foram utilizados dois suportes típicos, isto é, sílica e alumina, para a preparação do catalisador ZSM-5, e foram discutidas as suas influências no comportamento do craqueamento do n-heptano. As reacções foram realizadas num reator de leito fixo a 500 °C, com uma injeção de alimentação de 1,2 g com N_2 de 30 mL/min e uma quantidade de catalisador de 2 g. Os resultados são apresentados na Tabela 3-5.

Tabela 3-5 Comparação do craqueamento do n-heptano em $HZSM\text{-}5/SiO_2$ e $HZSM\text{-}5/Al_2O_3$

Catalyst	$HZSM\text{-}5/SiO_2$	$HZSM\text{-}5/Al_2O_3$
	Conversion, % (m/m)	
	58.68	73.07
	Gas yield, % (m/m)	
H_2	0.24	0.27
CH_4	0.78	1.34
C_2H_6	3.37	3.99
C_2H_4	7.13	6.11
C_3H_8	13.08	19.39
C_3H_6	13.09	9.23
$i\text{-}C_4H_{10}$	1.82	3.44
$n\text{-}C_4H_{10}$	5.57	5.31
$tran\text{-}C_4H_8$	1.61	1.17
$1\text{-}C_4H_8$	1.36	0.98
$i\text{-}C_4H_8$	3.10	2.13
$cis\text{-}C_4H_8$	1.24	0.90
Arene	1.48	8.88
Dry gas	11.51	11.71
LPG	40.89	42.53
	Yield of aromatics, %(m/m)	
	1.48	8.88
	Molar ratio	
C_3/C_4	2.23	1.94
$C_3^{=}/C_3^{0}$	1.05	0.50
$C_4^{=}/C_4^{0}$	1.02	0.61
P/O(in LPG)	0.96	1.89

A conversão do n-heptano atingiu mais de 50% com catalisadores $ZSM\text{-}5/SiO_2$ e $ZSM\text{-}5/Al_2O_3$ frescos, e a atividade do $ZSM\text{-}5/Al_2O_3$ foi obviamente superior à do $ZSM\text{-}5/SiO_2$. Ambos os produtos de craqueamento continham uma quantidade considerável de hidrogénio, metano e etano, que foram produzidos principalmente por via de craqueamento protolítico. Comparativamente, a reação sobre $ZSM\text{-}5/SiO_2$ resultou em GPL com maior teor de olefinas e menos produtos aromáticos. Os resultados sugerem uma menor atividade de transferência de hidrogénio do catalisador ZSM-5/SiO_2.

A acidez da superfície e as propriedades da estrutura dos poros dos suportes SiO_2 e Al_2O_3 foram caracterizadas pela técnica de piridina-FT-IR e de adsorção-dessorção de N_2, respetivamente, e os resultados são apresentados na Fig. 3-3 e na Tabela 3-6.

O suporte SiO_2 possuía uma área de superfície específica elevada de 415,2 m^2/g, que era quase 2,5 vezes superior à do suporte Al_2O_3. Os suportes não impõem limitações de difusão na conversão de n-heptano, devido à caraterística mesoporosa. O zeólito ZSM-5 deveria estar melhor disperso no SiO_2, resultando numa menor densidade ácida, o que explica a menor atividade de transferência de hidrogénio sugerida pelos dados da reação. As propriedades ácidas foram caracterizadas por espetroscopia de infravermelhos com piridina como molécula de sonda, que distinguiu o sítio ácido de Bronsted e Lewis pela sua banda de absorção caraterística a ~1550 cm^{-1} e 1490 cm^{-1}. Os espectros de piridina-IR mostraram que o suporte de Al2O3 era rico em sítios de ácido de Lewis e não foi detectado nenhum sítio de ácido de Bronsted. Os sítios ácidos de Bronsted e de Lewis não foram detectados na superfície do SiO_2. Especula-se que os sítios de ácido de Lewis no Al2O3 promoveram a transformação do heptano em certa medida. O ião carbónio de três coordenadas pode ser formado através da privação de um ião de hidrogénio negativo da molécula de parafina pelo sítio ácido de Lewis, seguido pela geração de um novo ião carbénio através da reação de transferência de hidreto, o que melhorou a contribuição da via de craqueamento bimolecular. A razão C_3/C_4 dos produtos de craqueamento foi maior no catalisador ZSM-5/SiO_2, indicando uma menor probabilidade da via de craqueamento bimolecular, em comparação com o ZSM- $_{5/Al(2)}O_3$, o que deve ser atribuído aos sítios ácidos de Lewis no suporte Al_2O_3.

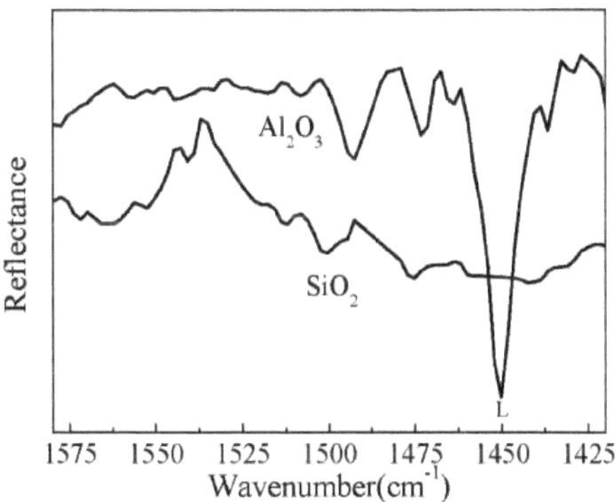

Fig. 3-3 Espectros de piridina-FT-IR de SiO_2 e Al_2O_3 (dessorção a 200 °C)

Support	Specific surface area (m^2/g)	Total pore volume (cm^3/g)	Average pore diameter (nm)
SiO_2	415.2	1.07	7.85
Al_2O_3	167.0	0.28	4.39

Quadro 3-6 Superfície específica e propriedades da estrutura dos poros de SiO_2 e Al_2O_3

3.2.3 Influências do caudal do gás de transporte

Os resultados apresentados nas secções anteriores demonstraram que é possível obter uma conversão considerável de n-heptano com um catalisador ZSM-5 fresco, mesmo em condições de reação moderadas. No entanto, a desvantagem era a baixa seletividade do propileno e do butileno. A abundância de sítios ácidos na superfície do catalisador ZSM-5 fresco teve dois efeitos colaterais, ou seja, promoveu a conversão por um lado, mas levou a reacções de transferência de hidrogénio excessivas, o que foi responsável pela fraca seletividade das olefinas leves. A fim de reduzir a probabilidade de reacções de transferência de hidrogénio, as partículas do catalisador foram diluídas com areias de quartzo para reduzir a densidade ácida no leito do catalisador, e a reação operada a uma taxa de fluxo de gás de transporte aumentada foi realizada no reator de leito fixo a 500 °C no modo de reação por impulsos. Os resultados do craqueamento do n-heptano com diferentes caudais de gás de arrastamento são apresentados na Fig. 3-4.

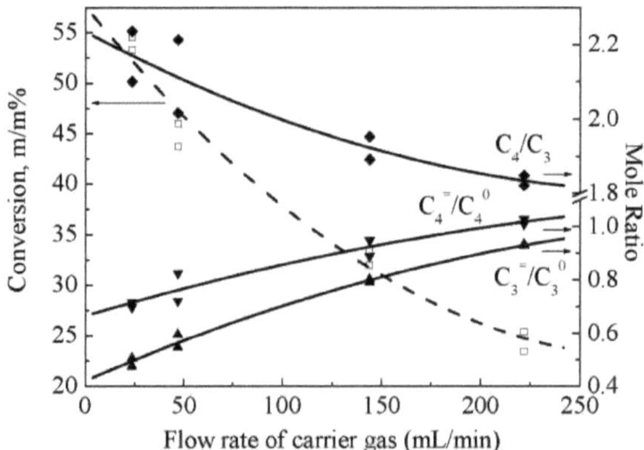

Fig. 3-4 Resultados do craqueamento catalítico do n-heptano sobre HZSM-5 catalisador fresco a diferentes caudais de gás de arrastamento

Com o aumento do caudal de gás de arrastamento, a conversão diminuiu rapidamente, em quase 50% quando o caudal diminuiu de 23 mL/min para

220 mL/min. Entretanto, a razão molar de propileno/propano e butano/butilenos aumentou de forma constante de 0,5 para 0,9 e de 0,7 para 1, respetivamente.

Os resultados demonstraram que o aumento da taxa de fluxo do gás de transporte pode suprimir eficazmente as reacções de transferência de hidrogénio, como esperado. A razão de C_4/C_3 mostrou uma tendência descendente, e especulou-se que o craqueamento protolítico foi favorecido com um tempo de contacto mais longo.

3.3 Influências do tratamento hidrotérmico do catalisador ZSM-5

O tratamento hidrotérmico do catalisador foi efectuado com 100% de vapor de água, tal como descrito em 2.3.1. A severidade do tratamento hidrotérmico foi conseguida alterando a temperatura do tratamento, o caudal de água e o tempo de processamento.

O catalisador ZSM-5 fresco sem tratamento hidrotérmico foi registado como "F", e os catalisadores tratados hidrotérmicamente a 650 °C com caudal de água de 0,4, 0,6, 0,8, 1,0 mL/min durante 2, 4, 6 e 8 horas foram registados como HT650-2, HT650-4, HT650-6 e HT650-8, respetivamente.

Os catalisadores tratados a 700 e 750 °C foram registados da mesma forma que acima referido, ou seja, HT700(750)-2(4,6,8).

3.3.1 Propriedades dos catalisadores ZSM-5 frescos e tratados hidrotermicamente

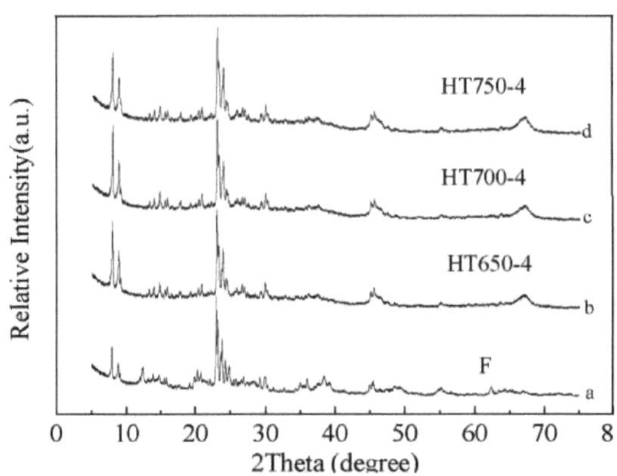

Fig. 3-5 Padrões de XRD dos catalisadores HZSM-5 antes/depois do tratamento hidrotérmico

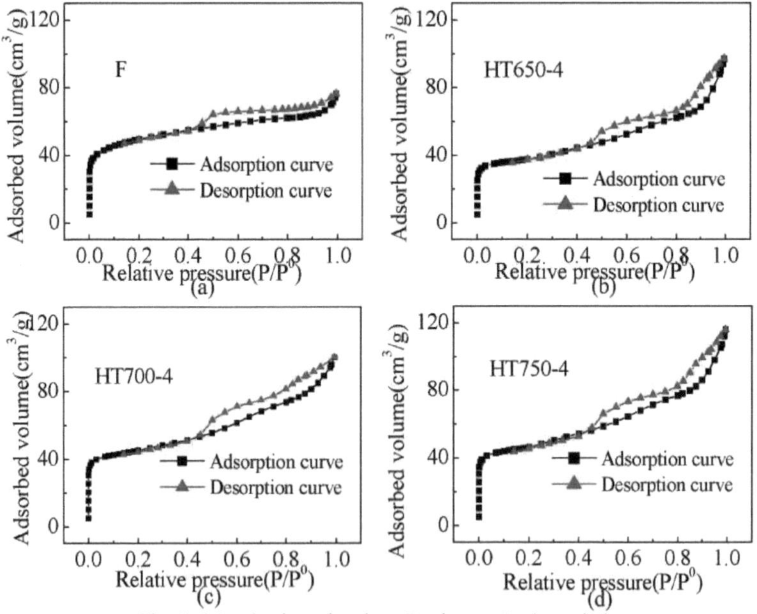

Fig. 3-6 Isotérmicas de adsorção-dessorção (azoto) de Catalisadores HZSM-5 antes/depois do tratamento hidrotérmico

Sample No.	BET Specific Surface area (m^2/g)	Micropore Specific surface Area (m^2/g)	Micropore Average diameter (nm)	Relative crystallinity	B_S/B_W	L_S/L_W	C_3/C_4	Arene Yield, %
F	165.18	92.436	0.56	100.0%	19.27	0.99	3.78	16.51
HT650-1	160.32	89.993	0.55	99.6%	0.53	0.93	3.16	0.80
HT650-2	153.57	89.772	0.55	99.0%	0.42	0.91	3.04	0.58
HT650-3	150.29	87.128	0.55	99.1%	0.43	0.87	2.85	0.49
HT650-4	150.07	87.133	0.56	98.7%	0.39	0.79	2.98	0.33
HT700-2	148.66	86.292	0.56	95.0%	0.31	0.26	2.93	0.31
HT750-2	123.28	80.104	0.55	86.5%	0.28	0.24	2.76	0.28

Tabela 3-7 Caracterização e resultados da reação de catalisadores HZSM-5 frescos e envelhecidos

A Fig. 3-5 mostra o diagrama de difração de raios X de quatro catalisadores HZSM-5, ou seja, F, HT650-4, HT700-4 e HT750-4. As linhas de difração caraterísticas permaneceram após o tratamento hidrotérmico, indicando que a estrutura cristalina do zeólito não foi destruída durante o tratamento. No entanto, as intensidades destas linhas caraterísticas mudaram, ou seja, a intensidade da linha a 20 de 8 ° aumentou e a da linha a 20 de 23 ° diminuiu após o tratamento. Os resultados sugerem uma alteração da estrutura do zeólito com o tratamento hidrotérmico. A cristalinidade relativa do ZSM-5 nestes quatro catalisadores diminuiu com o aumento da severidade do tratamento, uma vez que os valores foram calculados como sendo 100%, 98,9%, 95,1% e 86,5% para eles, respetivamente. Entretanto, as linhas de difração caraterísticas do suporte Al_2O_3, i.e., ~45 ° e ~66 °, aumentaram obviamente. O resultado indica que alguma alumina amorfa no suporte se tornou mais uniforme após o tratamento hidrotérmico.

Como medida primária das propriedades físicas, foi realizada a fisissorção de azoto para estes catalisadores ZSM-5. As isotérmicas de adsorção/dessorção de azoto são apresentadas na Fig. 3-6. De acordo com a classificação da IUPAC, todos os catalisadores ZSM-5 apresentaram isotérmicas do tipo IV com um ciclo de histerese H4, sugerindo que o material mesoporoso contém um canal estreito com distribuição uniforme. As propriedades físicas dos catalisadores estão resumidas na Tabela 3-7. A área de superfície específica total, a área de superfície específica dos microporos e o volume dos poros diminuíram após o tratamento hidrotérmico, enquanto o volume dos mesoporos e o tamanho médio dos poros aumentaram significativamente. Com o aumento da temperatura de tratamento, o volume dos poros e o tamanho médio dos poros aumentaram ainda mais, e a área de superfície específica, a área de superfície específica dos microporos e o volume dos poros diminuíram gradualmente. Em comparação com o catalisador fresco, a pressão relativa do ciclo de histerese (P/P^0 redondo de 0,4~0,6) aumentou gradualmente com o aumento da temperatura de tratamento, indicando o aumento do tamanho dos mesoporos. A presença de vapor a alta temperatura levou à queda de uma pequena quantidade de alumínio da estrutura de zeólito, resultando no bloqueio ou dano de parte da estrutura de microporos[162]. Também contribuiu para o efeito de expansão dos poros que causou o aumento do volume dos poros mesoporosos e do tamanho médio dos poros. No entanto, houve pouca alteração do tamanho dos microporos e, em combinação com os resultados de XRD, concluiu-se que a maior parte da estrutura de microporos do zeólito ZSM-5 permaneceu com o tratamento hidrotérmico.

As propriedades ácidas dos catalisadores foram analisadas por espetroscopia de infravermelhos utilizando piridina como molécula de sonda, e os resultados são apresentados na Fig. 3-7.

O catalisador ZSM-5 fresco possuía sítios ácidos abundantes (mostrado na Fig. 3-7(a)), principalmente sítios ácidos de Bronsted fortes (mostrado na Fig. 3-7(b)). Após o tratamento hidrotérmico e com o aumento da severidade do tratamento, a quantidade total de sítios ácidos diminuiu significativamente. Também se pode ver que os sítios ácidos fortes foram mais facilmente influenciados pelo tratamento hidrotérmico.

O rácio entre a quantidade de ácidos de Bronsted ou de Lewis fortes e a quantidade de ácidos de Bronsted ou de Lewis fracos foi calculado e apresentado na Tabela 3-7.

Os resultados demonstraram que os sítios de ácidos de Bronsted fortes predominavam sobre o catalisador fresco, e o rácio entre a quantidade de ácidos de Bronsted fortes e fracos era de 19,27, enquanto a quantidade de sítios de ácidos de Lewis fortes e fracos era semelhante. Após o tratamento hidrotérmico, quer do ácido de Bronsted quer do ácido de Lewis, o rácio da quantidade de ácido forte/quantidade de ácido fraco diminuiu significativamente, especialmente o primeiro.

Nos catalisadores tratados hidrotermicamente, a quantidade de sítios de ácido de Bronsted fortes foi muito inferior à dos sítios de ácido de Bronsted fracos, por exemplo, a quantidade de sítios de ácido de Bronsted fortes foi inferior a 1/3 dos sítios de ácido de Bronsted fracos para o catalisador tratado sob um fluxo de água de 0,6 mL/min a 750 °C durante 4 horas.

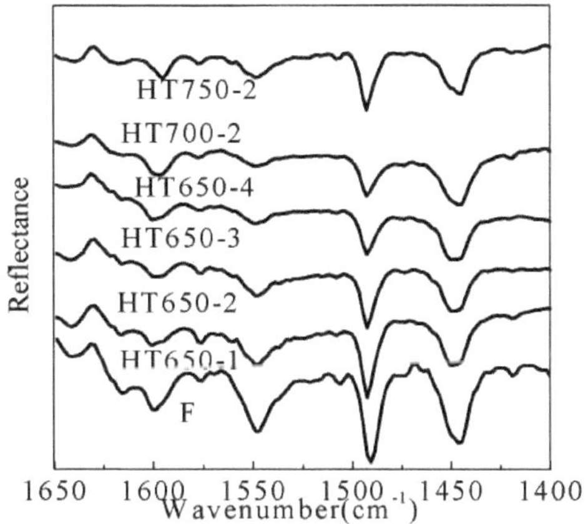

(a) Py-FT-IR spectra of catalysts
(desorption at 200℃)

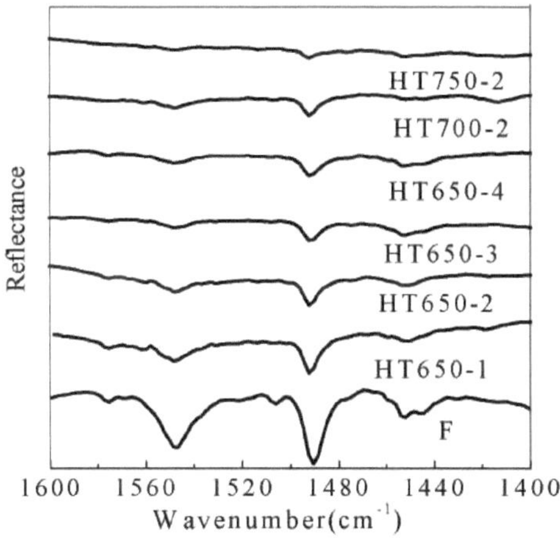

(b) Py-FT-IR spectra of catalysts
(desorption at 450℃)

Fig. 3-7 Acidez do catalisador HZSM-5 por via hidrotérmica tratados em condições diferentes

3.3.2 Craqueamento do N-heptano sobre catalisadores ZSM-5 frescos e tratados hidrotermicamente

O craqueamento do N-heptano sobre os catalisadores ZSM-5 frescos e tratados hidrotermicamente foi realizado no reator de leito fixo a 550 °C, com injeção de alimentação de 1,2 g transportada por N_2 de 30 mL/min e quantidade de catalisador de 5 g.

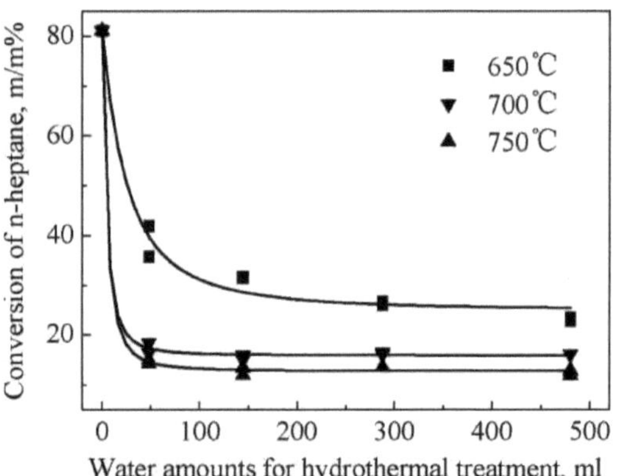

Fig. 3-8 Conversão de n-heptano sobre catalisadores HZSM-5 antes/depois do tratamento hidrotérmico

A conversão de n-heptano nos catalisadores HZSM-5 frescos e diferentes tratados hidrotermicamente é mostrada na Figura 3-8. O catalisador HZSM-5 fresco tinha uma elevada reatividade para a conversão de n-heptano, que era de cerca de 81%. No entanto, a atividade do catalisador diminuiu rapidamente após o tratamento.

Com tratamento hidrotérmico a 650 °C e caudal de água de 0,4 mL / min durante 2 horas, a conversão diminuiu quase 50%. Com o aumento da temperatura de tratamento e da taxa de fluxo de água, a conversão diminuiu continuamente, mas a extensão tornou-se menor. A uma temperatura elevada de tratamento, o aumento do caudal de água teve uma ligeira influência na conversão do n-heptano.

Por conseguinte, o efeito da temperatura de tratamento na atividade do catalisador foi maior do que o do caudal de água, tendo o primeiro sido enfraquecido com o aumento da temperatura. A quantidade de ácido, especialmente os sítios de ácido de Bronsted, também exibiu uma tendência semelhante, como referido acima. Concluiu-se que a conversão reduzida foi principalmente atribuída à diminuição da quantidade de ácido dos catalisadores com o aumento da severidade do tratamento. Para um zeólito específico, a acidez é o principal fator que afecta a atividade do catalisador.

Os rendimentos dos diferentes produtos gasosos são apresentados nas Figuras 3-9 a 3-12. Com o aumento da temperatura de tratamento e do caudal de água, estes produtos apresentaram uma tendência semelhante à da conversão, ou seja, todos sofreram um declínio súbito, tendendo depois a estabilizar-se. Foi possível obter uma conversão considerável com o catalisador ZSM-5 fresco, e os rendimentos dos principais produtos gasosos foram de 0,73%, 3,53%, 8,96%, 7,20%, 10,42%, 32,00%, 4,57% e 10,34% para H_2, CH_4, C_2H_4, C_2H_6, C_3H_6, C_3H_8, C_4H_8 e C_4H_{10}, respetivamente. A composição dos produtos gasosos de craqueamento foi caracterizada pelo elevado teor de hidrogénio e de alcanos de pequena massa molecular, que deveriam ser produzidos a partir da via de craqueamento protolítico. Concluiu-se que o baixo teor de olefinas no GPL está associado a reacções de transferência de hidrogénio causadas por sítios ácidos ricos no catalisador fresco. Apesar da menor reatividade para a conversão do n-heptano , a distribuição dos produtos foi melhorada após o tratamento hidrotérmico. Por exemplo, o rendimento de H_2, CH_4, C_2H_4, C_2H_6, C_3H_6, C_3H_8, C_4H_8 e C_4H_{10} foi de 0,15%, 0,60%, 3,50%, 2,37%, 8,50%, 3,82%, 3,50% e 1,84%, respetivamente, obtidos sobre o catalisador tratado com um fluxo de água de 0,6mL/min a 650 °C durante 4 horas. Após o tratamento, os catalisadores apresentaram uma melhor seletividade para o propileno e butilenos e uma menor seletividade para o etileno e, consequentemente, a razão propileno/etileno aumentou.

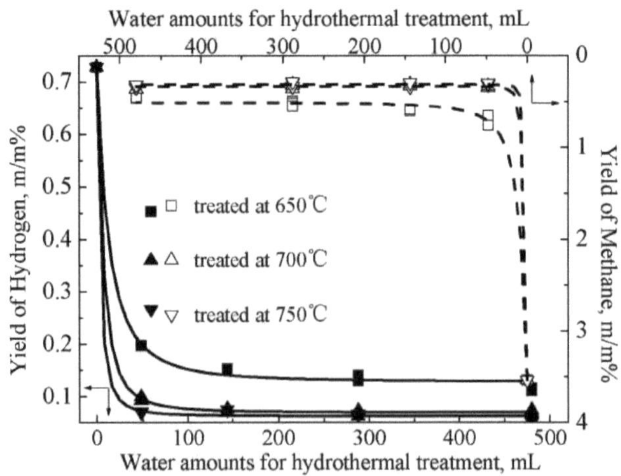

Fig. 3-9 Rendimento em hidrogénio e metano da conversão de n-heptano em Catalisadores HZSM-5 antes/depois do tratamento hidrotérmico

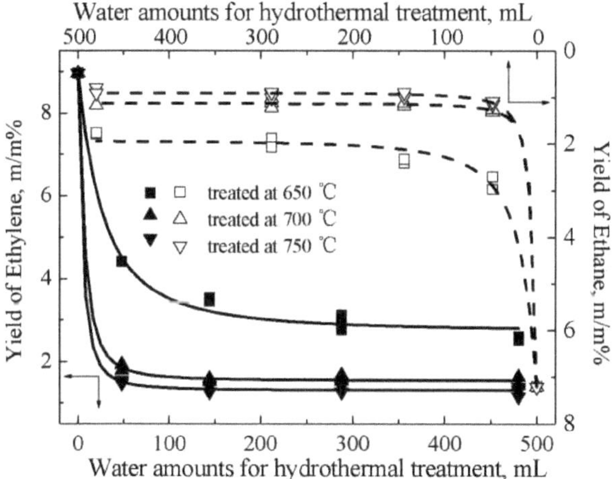

Fig. 3-10 Rendimentos de etano e etileno da conversão de n-heptano sobre catalisadores HZSM-5 antes/depois do tratamento hidrotérmico

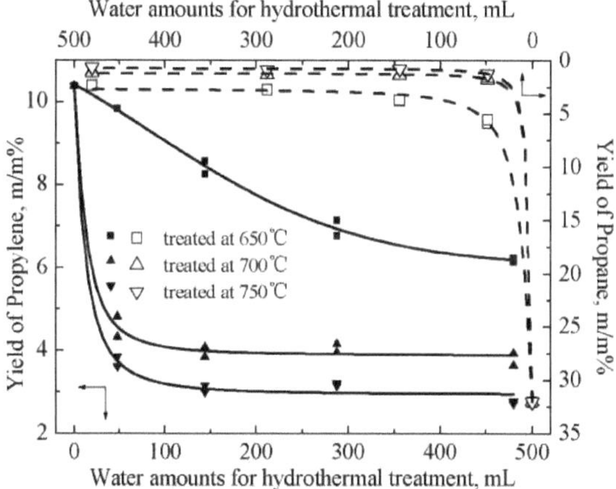

Fig. 3-11 Rendimentos de propano e propileno da conversão de n-heptano sobre catalisadores HZSM-5 antes/depois do tratamento hidrotérmico

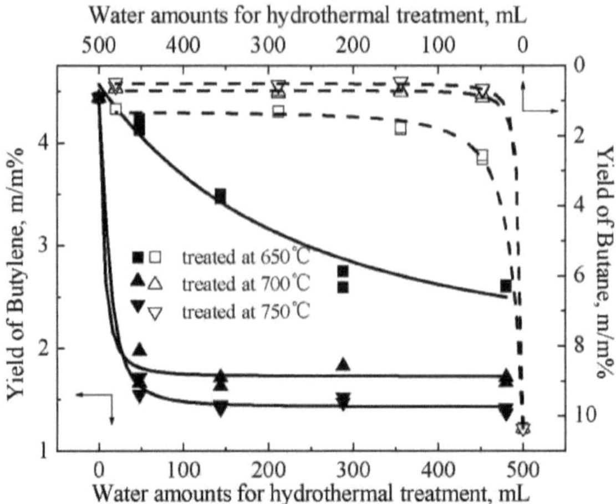

Fig. 3-12 Rendimentos de butano e butileno da conversão de n-heptano sobre catalisadores HZSM-5 antes/depois do tratamento hidrotérmico

Comparando as curvas de rendimento da Fig. 3-9 com a Fig. 3-12, verifica-se obviamente que o rendimento dos produtos gasosos diminui com o aumento da severidade do tratamento, mas o grau varia, o que está intimamente relacionado com as propriedades ácidas do catalisador.

Em comparação com os produtos C_3 e C_4, a formação de H_2, C_1 e C_2 foi mais facilmente influenciada pelo tratamento hidrotérmico do catalisador, ou seja, diminuiu rapidamente quando os catalisadores foram tratados hidrotérmicamente, mas o aumento da severidade do tratamento teve um ligeiro impacto sobre eles. Como já foi referido, o H_2, o C_1 e o C_2 foram produzidos principalmente a partir da via de craqueamento protolítico, que se baseou na formação de iões de carbono penta-coordenados sobre sítios de ácido de Bronsted fortes. Os dados relativos às propriedades ácidas mostrados acima demonstraram que o catalisador fresco não só possuía muito mais sítios ácidos, mas também uma maior proporção de sítios ácidos de Bronsted fortes. O rácio C_3/C_4 apresentado no Quadro 3-7 mostrou uma tendência decrescente após o tratamento hidrotérmico e com o aumento da severidade do tratamento, sugerindo uma diminuição da probabilidade da via de fissuração protolítica. A partir da análise acima, pôde-se ver que a via de craqueamento protolítico foi muito mais favorecida em relação ao catalisador fresco. O craqueamento protolítico conduziu geralmente a uma maior seletividade de olefinas nos produtos de craqueamento, o que não foi consistente com os resultados obtidos com o catalisador fresco. Assumiu-se que o craqueamento protolítico dominou sobre o catalisador fresco na reação inicial, no entanto, a reação secundária dos produtos primários de olefinas foi convertida através de reacções de transferência de hidrogénio devido à elevada densidade ácida do catalisador fresco, resultando num elevado teor de alcanos e aromáticos nos produtos finais.

3.4 Cracking do n-heptano numa unidade de leito fluidizado circulante

O craqueamento do n-heptano foi também efectuado numa unidade de leito fluidizado circulante. A unidade e o processo de operação foram descritos na Secção 2.3. O n-heptano foi convertido a 590 °C num tempo de contacto muito curto de 1-3 s dentro do reator. As reacções sobre catalisador ZSM-5 fresco sem adição de água, com adição de 15% de água e com adição de 80%

de água foram registadas como "a", "b" e "c" na Tabela 3-8. A letra "d" representa a reação sobre o catalisador de equilíbrio sem diluição de água na alimentação.

Tabela 3-8 Conversão de n-heptano sobre catalisador HZSM-5 em uma unidade de leito fluidizado circulante

Reaction	A	b	c	d
			Conversion, m/m%	
	98.37	92.54	80.15	33.54
			Product distribution, m/m%	
Dry gas	10.65	4.24	10.43	12.28
LPG	53.40	57.11	65.66	71.50
C_5~C_{11}	35.44	38.16	23.54	16.01
Coke	0.51	0.49	0.37	0.21
			Product yield, m/m%	
H_2	0.55	0.08	0.14	0.06
CH_4	1.19	0.33	0.53	0.35
C_2H_6	4.67	1.33	2.32	1.89
C_2H_4	4.07	2.18	5.37	1.82
C_3H_8	26.77	20.13	18.48	6.14
C_3H_6	7.38	6.94	12.69	6.17
i-C_4H_{10}	5.85	8.93	5.00	3.73
n- C_4H_{10}	7.67	10.01	7.89	3.14
i-C_4H_8	1.09	1.48	1.94	1.81
1-C_4H_8	0.82	0.92	1.29	0.62
cis-2- C_4H_8	2.09	3.31	3.89	1.71
trans-2-C_4H_8	0.86	1.13	1.45	0.66
Dry gas,	10.48	3.92	8.36	4.12
LPG	52.53	52.85	52.63	23.98
Aromatics	10.64	8.79	5.48	2.21
			Molar ratio	
$C_3^=/C_3$	0.29	0.36	0.72	1.05
$C_4^=/C_4$	0.37	0.37	0.69	0.72

Cerca de 98,37% do n-heptano foi convertido no catalisador ZSM-5 fresco sem diluição de água na alimentação. Com a adição de 15% de água, a conversão diminuiu para 92,54%. Apesar do elevado nível de conversão da reação "a" e "b" (>90%), os rendimentos de propileno e butilenos foram fracos, com valores de ~7% e ~5% respetivamente, em contraste com os elevados rendimentos de propano e butano de mais de 20% e 10%. Além disso, o teor de aromáticos era extremamente elevado nos produtos líquidos, com rendimentos de 8,8% a 10,6%. Com o aumento do teor de água para 80% na alimentação, a conversão diminuiu para 80,15%, mas o rendimento de GPL não foi reduzido. Pelo contrário, os rendimentos de propileno e butilenos aumentaram para 12,69% e 8,57%, respetivamente, devido à supressão da formação de propano e butano, o que resultou numa razão molar mais elevada de propileno/propano e butilenos/butano, e num elevado teor de olefinas no GPL. A introdução de água na alimentação não só reduziu a pressão parcial dos hidrocarbonetos, como também diminuiu o tempo de residência no reator, que foi de 3,1, 2,8 e 1,0 s para a reação "a", "b" e "c", respetivamente. A diminuição do tempo de residência ajudou a promover a dessorção de produtos primários ou intermédios e a reduzir a probabilidade de reacções secundárias como a transferência de hidrogénio, melhorando assim a seletividade do propileno e dos butilenos. Corma e os seus colaboradores acreditavam que a introdução de vapor de água na reação provocava duas influências principais, ou seja, a diluição e a dispersão[163]. [163] A primeira teve um impacto negativo na conversão da alimentação, enquanto a segunda favoreceu a dispersão das matérias-primas, de modo a que a alimentação pudesse ter um melhor contacto com o catalisador e, consequentemente, melhorou a conversão. Zhao e Wojciechowski estudaram o efeito da introdução de água na reação de craqueamento do 2-metilpentano no zeólito HUSY. [164] Verificaram que a introdução de uma pequena quantidade de água a uma temperatura de reação de 400 °C resultava num aumento da taxa de conversão. No entanto, a taxa de reação foi reduzida mesmo que apenas uma quantidade muito pequena de vapor de água fosse introduzida quando a temperatura de reação era superior a 400 °C. Pode ser visto que a introdução de diferentes quantidades de água em condições de reação variadas pode ter efeitos diferentes na reação. Resultados semelhantes foram observados no presente estudo, a seletividade e o rendimento do produto não aumentaram ou diminuíram monotonicamente em comparação com a ausência de água na alimentação. Por exemplo, a seletividade para o gás seco diminuiu de 10,65% para 4,24% e depois aumentou para 10,43%. Os rendimentos de metano, hidrogénio, etano, etileno, propileno e butano também diminuíram primeiro e depois aumentaram, o que foi causado principalmente pelas influências variadas da introdução de água em diferentes aspectos.

Em comparação com a elevada conversão de 98% no catalisador ZSM-5 fresco, a conversão no catalisador de equilíbrio foi muito mais moderada, com um valor de apenas 33%. Os rendimentos de etileno, propileno e butilenos diminuíram de 4,07%, 7,38% e 4,86% para 1,82%, 6,17% e 4,80%, respetivamente. No entanto, a distribuição dos produtos foi obviamente melhorada, principalmente devido ao maior teor de GPL nos produtos e ao aumento da seletividade para o propileno e os butilenos.

Capítulo 4

Conversão de n-Heptano Co-catalisada por Catalisador ZSM-5 e V_2O_5/Al_2O_3

É sabido que a reatividade de craqueamento da parafina é significativamente inferior à da olefina (2-3 vezes inferior). [154, 155, 165, 166] Para melhorar a conversão de parafina numa única passagem sobre zeólito ácido, foram propostas várias abordagens. Um tempo de contacto mais longo contribuiria para um nível de conversão mais elevado, mas também resultaria no aumento das reacções de transferência de hidretos, que se caracteriza por uma baixa seletividade de olefinas. Uma maior conversão e um maior rendimento de propileno estão também associados a uma temperatura de reação elevada, razão pela qual alguns processos referem uma temperatura de reação tão elevada como 650 °C. [5, 19, 23,166] Isto causaria certamente um maior consumo de energia e a necessidade de separar o propileno de um fluxo diluído. Outro método consiste em converter a parafina sobre zeólito com abundantes sítios de ácido forte, ou seja, um catalisador de zeólito fresco com baixo rácio Si/Al. No entanto, a conversão diminuiria gradualmente para um nível baixo estabilizado (semelhante à conversão sobre catalisador equilibrado) após vários ciclos de reação-regeneração[167,168]. Os resultados apresentados no capítulo anterior também sugeriram que era difícil obter uma conversão elevada e uma elevada seletividade para olefinas leves ajustando as condições de reação ou as propriedades ácidas do zeólito. Assim, a procura de uma abordagem que melhore a reatividade de craqueamento sobre zeólito ácido sem sacrificar a seletividade de olefinas leves é uma melhor escolha para a conversão de parafinas.

Wenzhao Li e os seus colegas do Dalian Institute of Chemical Physics estudaram o cracking oxidativo em fase gasosa (GOC) de alguns hidrocarbonetos. Verificaram que a reatividade de craqueamento da parafina e a seletividade em relação às olefinas leves melhoravam obviamente na presença de oxigénio gasoso[143-145]. Boyadjian et al. realizaram investigações sobre o craqueamento oxidativo catalítico da parafina sobre catalisadores à base de Li/MgO. O papel principal do catalisador Li/MgO era ativar a molécula de parafina, gerando radicais alquilo livres, que passam por reacções complexas de radicais livres na presença de oxigénio[146,147]. [146,147] Nos dois casos acima referidos, a presença de oxigénio em fase gasosa também leva à ocorrência de uma reação de oxidação profunda e, consequentemente, a uma maior seletividade para o CO_X. Para reduzir as reacções de oxidação não selectivas, propõe-se a utilização de espécies de oxigénio da rede como fonte de oxigénio no sistema de craqueamento catalítico da parafina. Com a presença de espécies de oxigénio na rede no sistema, a reatividade da parafina é supostamente melhorada sem intensificar a reação de transferência de hidrogénio. Além disso, a seletividade das olefinas leves pode ainda ser melhorada, uma vez que as espécies de oxigénio podem provavelmente privar a molécula de parafina de hidrogénio extra.

Os catalisadores à base de vanádio são bem conhecidos por serem activos em reacções de oxidação parcial ou selectiva, incluindo a oxidação do butano maleico a anidrido [97, 98], a ammoxidação do propano a acrilonitrilo [99,100], a oxidação selectiva do metanol a formaldeído [101] e a desidrogenação de alcanos inferiores para produzir as olefinas correspondentes [95,96,103-120]. A atividade é atribuída à sua natureza redutível e à capacidade de mudar facilmente os seus estados de oxidação de V^{3+} para V^{5+}. Em estudos relatados na literatura, é habitualmente utilizada no sistema de reação uma certa concentração de gases oxidantes, como o ar (ou oxigénio), o dióxido de carbono e o óxido nítrico, e acredita-se geralmente que a espécie de oxigénio da rede é a espécie ativa para a reação oxidativa selectiva. [142,169-174] Em comparação com a desidrogenação oxidativa não catalítica que utiliza diretamente o gás oxidante como oxidante, a utilização de um catalisador à base de vanádio reduz a probabilidade de uma reação de oxidação profunda e melhora a seletividade do produto-alvo, devido à presença de oxigénio na rede como espécie ativa de oxidação [175]. A reação deve seguir o modelo Redox proposto por Mars e Van Krevenlen [175]. Vários investigadores argumentaram que o centro ativo de oxigénio da rede era capaz de ativar a ligação C-H na molécula de parafina para produzir algumas espécies contendo oxigénio como espécies intermediárias e, consequentemente, melhorar a reatividade do reagente de parafina. [176,177]

Neste capítulo, o catalisador de vanadia suportado em alumina (V_2O_5/Al_2O_3) foi preparado e utilizado para substituir parte do catalisador de equilíbrio ZSM-5 para o craqueamento do n-heptano. Foi avaliada a influência da introdução de V_2O_5/Al_2O_3 no craqueamento do n-heptano sobre o catalisador zeolítico ácido. Além disso, os catalisadores antes e depois da reação foram caracterizados, para compreender o papel do V_2O_5/Al_2O_3 durante o processo de reação.

4.1 Craqueamento do N-heptano sobre uma mistura de V_2O_5/Al_2O_3 e introdução de um catalisador ZSM-5 de equilíbrio num reator de leito fixo em modo de reação pulsada

4.1.1 Propriedades físico-químicas dos catalisadores

Quadro 4-1 Propriedades dos catalisadores HZSM-5 de equilíbrio

Equlibrium HZSM-5catalysts	BET surface area (m^2/g)	Pore volume (mL/g)	Bulk density (g/mL)	Attrition index (wt%)	Total acid amount (μmol/g)
A	139	0.28	0.72	2.5	498
B	211	0.26	0.74	2.1	452

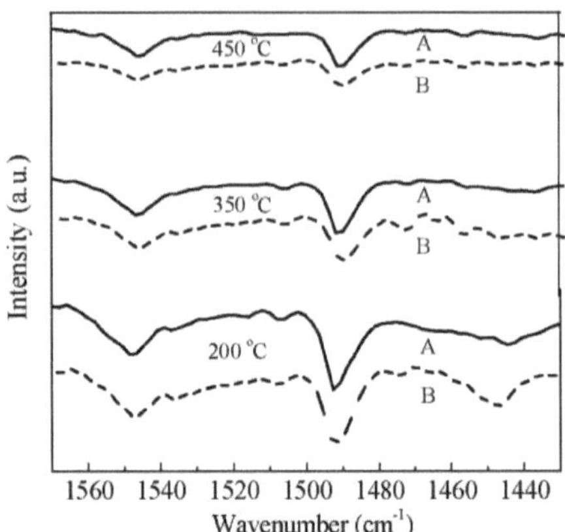

Fig. 4-1 Espectros de piridina-FT-IR dos catalisadores HZSM-5 em equilíbrio

Foram obtidos dois catalisadores ZSM-5 de equilíbrio diferentes a partir de unidades comerciais, designados por "A" e "B", respetivamente. Os catalisadores foram caracterizados por fisissorção de azoto, piridina-FT-IR e NH3-TPD para determinar a sua estrutura de poros e propriedades ácidas. Os resultados relacionados são apresentados na Tabela 4-1, Fig. 4-1 e Fig. 4-2. A partir da Tabela 4-1, pode ver-se que a área de superfície específica do catalisador de equilíbrio "A" é significativamente inferior à de "B", e a quantidade total de ácido de "A" (derivada dos resultados NH3-TPD) é superior à de "B". Os DRIFTs com adsorção de piridina (mostrados na Fig.4-1) foram obtidos após dessorção a 200, 350 e 450 °C, representando as propriedades de ácido total, médio-forte e forte dos catalisadores. Foi observado um pico distinto a 1450 cm^{-1} nos espectros obtidos após dessorção a 200 °C para o catalisador "B", indicando a presença de sítios ácidos de Lewis principalmente sob a forma de acidez fraca. No entanto, foi encontrado pouco sítio ácido de Lewis para o catalisador "A", e o catalisador foi dominado pela acidez de Bronsted. Ambos os catalisadores de equilíbrio continham alguns sítios de ácido de Bronsted fortes. As curvas NH_3-TPD exibiram um grande pico de dessorção que variava entre 120 e 500 °C, e a temperatura do pico de "A" era mais elevada do que a de "B", sugerindo mais sítios ácidos fortes em "A". Os resultados da análise quantitativa mostraram que a quantidade total de ácido de "A" era de 498 μmol/g, que era superior à quantidade total de "B" (452 μmol/g).

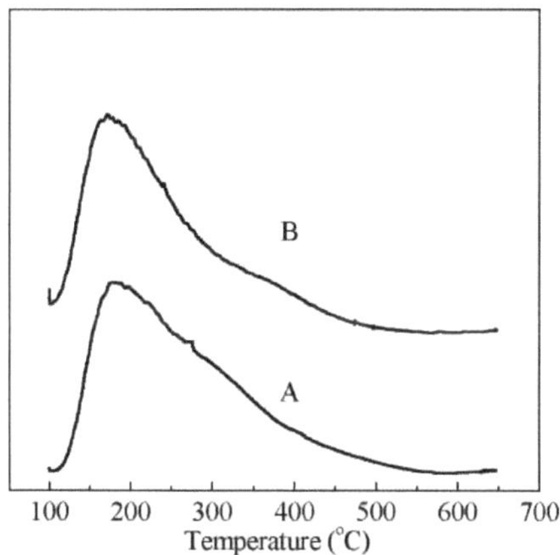

Fig. 4-2 Curvas NH_3-TPD de equilíbrio dos catalisadores HZSM-5

As curvas TG-DTA do precursor de V_2O_5/Al_2O_3 contendo 15 wt.% de V_2O_5 (designado por 15VAl) sob diferentes atmosferas são mostradas na Fig.4-3. Observou-se que havia três fases de perda de peso nas curvas TG, que correspondiam a diferentes picos endotérmicos nas curvas DTA. Estes picos podem ser atribuídos à desidratação da água adsorvida, à decomposição do excesso de ácido oxálico e ao COV_2O_4, respetivamente. O ácido oxálico é um agente redutor médio forte e conduz facilmente à redução do V^{5+} a V^{4+} e à formação de COV_2O_4 no precursor.

Em geral, a perda de peso do precursor em atmosfera de ar foi menor do que em atmosfera de azoto, o que sugere a reoxidação do V^{4+} a V^{5+} na presença de oxigénio (ver Equações 4-1 e 4-2).

A análise DTA também foi realizada com a mistura de V_2O_5/Al_2O_3 e partículas de catalisador ZSM-5 de equilíbrio sob atmosfera de N_2, a fim verificar se havia algum pico endotérmico ou exotérmico que pudesse ser indicativo de transformação de fase ou interação no estado sólido entre os dois catalisadores.

Os resultados (não mostrados) revelaram que apenas foi observado um pequeno pico de desidratação em~ 100 °C.

$$VOC_2O_4 \rightarrow VO_2 + CO_2 + CO \text{ (} N_2 \text{ atmosphere)} \quad \text{Eq. 4-1}$$

$$4VOC_2O_4 + O_2 \rightarrow 2V_2O_5 + 4CO_2 + 4CO \text{ (Air atmosphere)} \quad \text{Eq. 4-2}$$

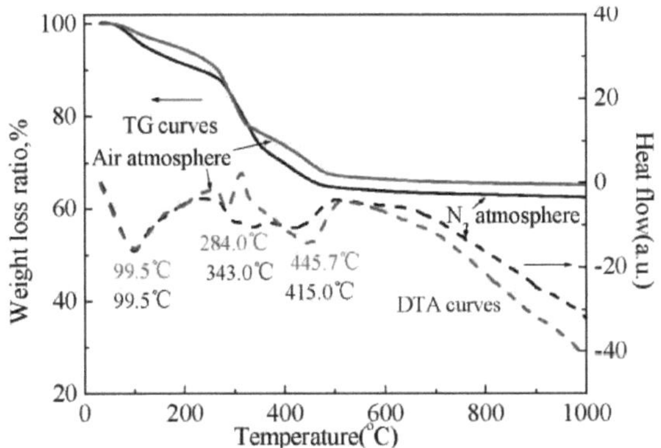

Fig. 4-3 Curvas TG-DTA do precursor 15VA1 em diferentes atmosferas

Quadro 4-2 Área superficial BET e estrutura dos poros propriedades do 15VA1 (calcinado a 700°C)

	BET surface area (m^2/g)	Pore volume (mL/g)	Mesopore volume (mL/g)	V surface density (VO_X/nm^2)
Al_2O_3(calcined at 700°C)	167.0	0.28	0.28	-
15VAl(calcined at 700°C)	142.3	0.24	0.24	7.0

A Tabela 4-2 mostra a área de superfície específica e as propriedades da estrutura dos poros do catalisador 15VA1 calcinado a 700 °C. Após a impregnação com vanadia, a área de superfície específica diminuiu de 167,0 m^2/g para 142,3 m^2/g, e o volume de poros, principalmente na forma de mesoporos, foi reduzido de 0,28 mL/g para 0,24 mL/g, possivelmente devido ao bloqueio de parte do poro. De acordo com o método relatado em [178], a densidade superficial da unidade VO_x foi de 7,0 átomos de VO_x/nm^2 sobre a superfície do catalisador 15VAl.

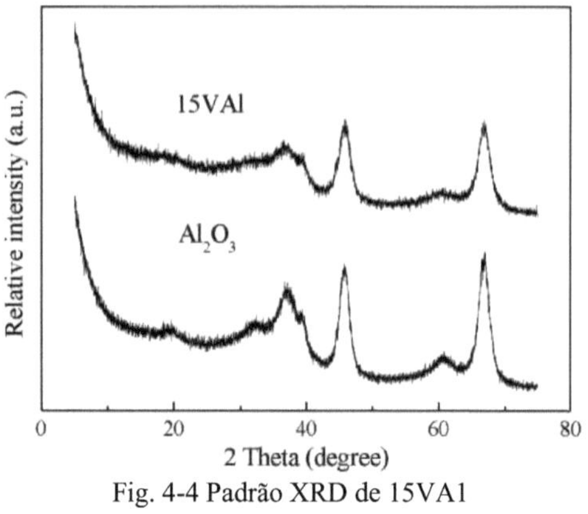

Fig. 4-4 Padrão XRD de 15VA1

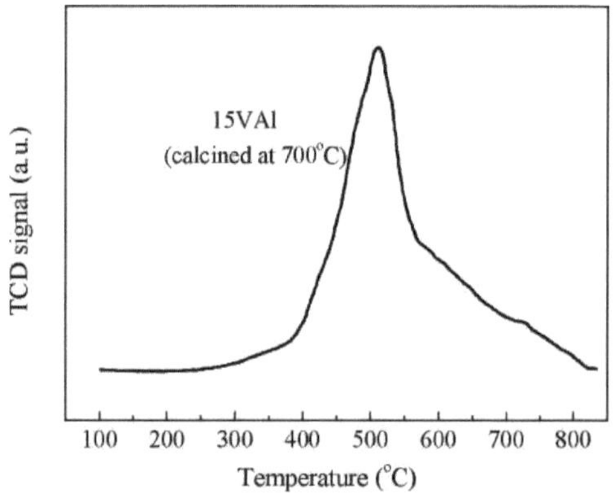

Fig. 4-5 Curvas H2-TPR de 15VA1 (calcinado a 700C)

A Fig. 4-4 mostra o padrão de difração de raios X do suporte Al_2O_3 e do catalisador 15VAl, ambos exibindo linhas de difração no mesmo local, que foi atribuído à alumina cristalina. Após a carga de vanádio, a intensidade das linhas de difração caraterísticas diminuiu, indicando a diminuição da cristalinidade do Al_2O_3.

Não foi encontrada nenhuma linha de difração do cristal V_2O_5 para o catalisador 15VA1. Isto pode indicar que a vanádia estava bem dispersa no suporte de alumina.

A Fig. 4-5 mostra a curva de redução da temperatura de evolução do hidrogénio para o catalisador 15VAl. Na atmosfera de hidrogénio, a redução do catalisador 15VAl começou a cerca de 300 °C com um valor de pico à temperatura de 500 °C, o que correspondeu bem ao valor de 400-600 °C relatado na literatura. [179-182] Foi sugerido que a temperatura de redução do V_2O_5/Al_2O_3 era influenciada por numerosos factores, tais como a carga do componente ativo, o método de preparação e a temperatura de calcinação. Steinfeldt verificou que o pico de redução H2-TPR se deslocava para uma temperatura mais elevada à medida que a temperatura de calcinação aumentava. [179] A morfologia da superfície de V_2O_5/Al_2O_3 foi estudada por Raman, V-NMR, UV-Dis-Vir e outros métodos, e os resultados mostraram que a densidade de VO_X com um valor de 7-8 átomos de VO_X/nm^2 correspondia à cobertura teórica de vanádio em monocamada sobre a superfície. A unidade de VO_X dispersa na superfície sob a forma de estado isolado ou polimerizado a uma densidade igual ou inferior a 7-8 átomos de VO_X/nm^2. [178-183] A densidade de VO_X do catalisador 15VAl era de cerca de 7 átomos de VO_X/nm^2, e concluiu-se que as unidades existiam numa forma mista de forma isolada e polimerizada. Isto explica a assimetria do pico de redução na curva H2-TPR apresentada na Fig. 4-5.

4.1.2 Influências da introdução de V_2O_5/Al_2O_3 na reatividade e distribuição de produtos do cracking do n-heptano sobre catalisador de equilíbrio ZSM-5

O craqueamento do n-heptano foi estudado comparativamente sobre o catalisador de equilíbrio ZSM-5 "A" (designado por "base") e sobre uma mistura homogénea de 15VAl e "A" (relação de peso de 1/4, designada por "+ V_2O_5/Al_2O_3") com a mesma quantidade total. As reacções foram realizadas num reator de leito fixo carregado com uma quantidade de catalisador de 5 g e injectando 1,2 g de n-heptano transportado por gás nitrogénio de 30 mL/min a 570 °C.

Os resultados publicados já confirmaram que a reatividade foi obviamente melhorada quando se substituiu 20% do catalisador ZSM-5 por V_2O_5/Al_2O_3. Os estudos também mostraram que a posição relativa dos dois catalisadores, ou a sequência de contacto do reagente com eles, influenciou significativamente o desempenho da reação. Sugeriu-se que o reagente era favorável a ser ativado por V_2O_5/Al_2O_3 antes de ser transferido para os sítios ácidos do catalisador ZSM-5 para posterior craqueamento. [184] O estudo aqui apresentado centra-se principalmente nas diferenças de distribuição dos produtos sem e com a introdução do catalisador 15VAl.

A Fig.4-6 mostra a conversão e a distribuição global do produto nos dois casos. A conversão do n-heptano atingiu 31,11% no catalisador de equilíbrio ZSM-5 . Os produtos gasosos, que incluem hidrogénio e hidrocarbonetos C_1-

C_4, foram o principal produto, representando quase 90% do total, em comparação com um valor de apenas 10% para a soma dos produtos líquidos (principalmente na gama da gasolina) e do coque.

Com a introdução do catalisador 15VAl, a conversão aumentou para 40,68%, acompanhada por uma diminuição da seletividade do gás seco de 13,9% para 9,8% e um aumento da seletividade do GPL de 75,7% para 76,2%. A seletividade da gasolina também diminuiu de 9,0% para 7,5%, mas o coque foi pouco influenciado. A composição do gás seco e do GPL foi comparada separadamente nas Fig. 4-7 e Fig. 4-8.

Nos produtos de gás seco, o teor de hidrogénio e metano aumentou, especialmente o primeiro, que aumentou mais de 10 vezes, enquanto o teor de etano e etileno diminuiu.

Quanto ao GPL, verificou-se uma diminuição do teor de propano e butano, mas um aumento do teor de propileno e butilenos em 3 e 8 percentagens, respetivamente. Além disso, a introdução de 15VAl também melhorou o teor de isobutileno na mistura de butilenos, de 42,71% para 49,52%, como mostra a Figura 4-9.

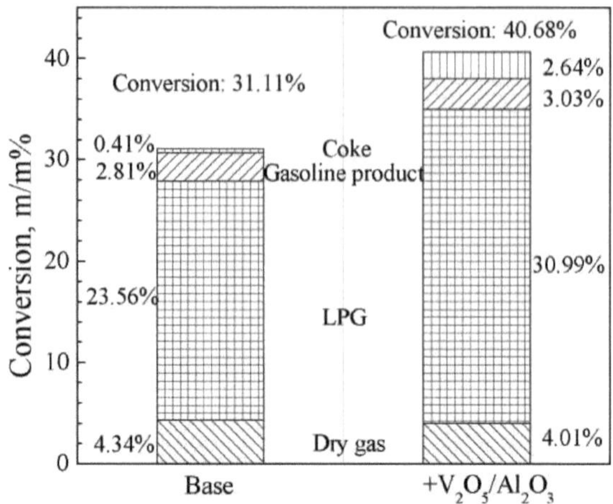

Fig. 4-6 Conversão do n-heptano e rendimentos dos produtos sem e com introdução de 15VAl

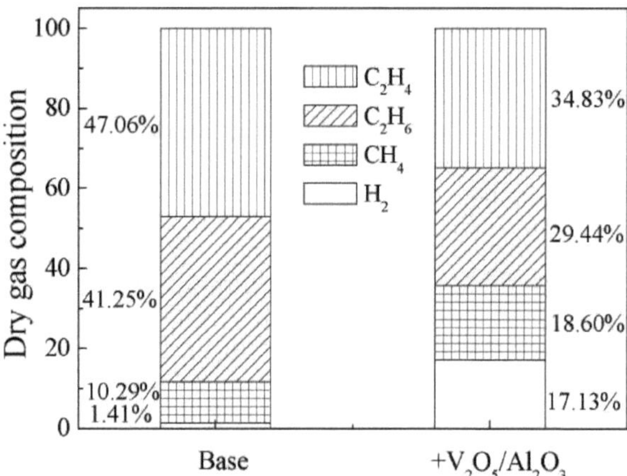

Fig. 4-7 Composição do gás seco do craqueamento do n-heptano sem e com introdução de 15VAl

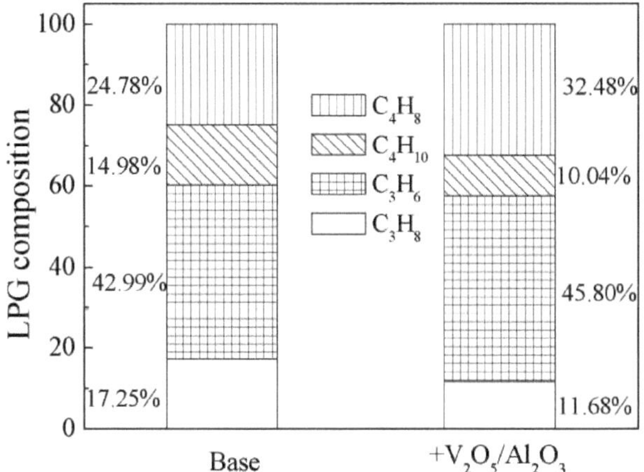

Fig. 4-8 Composição do GPL no cracking do n-heptano sem e com introdução de 15VA1

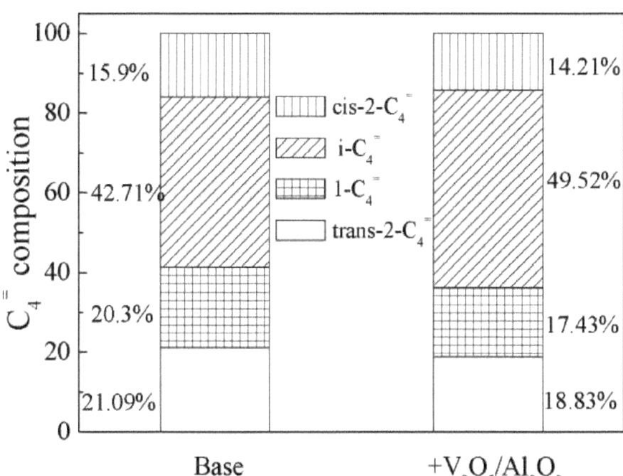

Fig. 4-9 Composição da mistura C_4 de n-heptano fissuração sem e com introdução de 15VAl

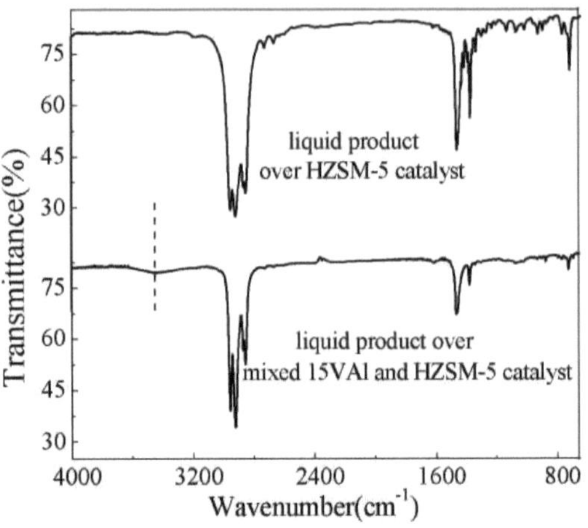

Fig. 4-10 Espectros FT-IR do produto líquido do craqueamento do n-heptano sem e com introdução de 15VAl

A Fig. 4-10 mostra os espectros de transmitância no infravermelho dos produtos líquidos obtidos nos dois casos. Os produtos líquidos eram predominantemente uma mistura de hidrocarbonetos C_5-C_{11}, com uma quantidade considerável de n-heptano não convertido. Bandas distintas a 2959, 2925, 2873 e 2858 cm^{-1} foram atribuídas às vibrações de estiramento C-H do n-heptano, e bandas a 1467, 1378 cm^{-1} foram causadas por vibrações de flexão C-H. Após a adição de 15VAl, a intensidade das bandas a 3028, 1605, 1495 e 694 cm^{-1} observadas no produto líquido correspondente aumentou significativamente, principalmente devido ao aumento do teor de aromáticos. É de salientar que, uma banda larga e fraca apareceu a 3440 cm^{-1} no produto líquido, presumivelmente associada a uma pequena quantidade de água contida no líquido, indicando que a reação produziu água, mas a quantidade de água era demasiado pequena para ser quantificada. Em adição ao H_2O, os produtos continham CO e CO_2 no gás. Os resultados sugerem que parte do oxigénio da rede contido no 15VA1 foi consumido e deve estar envolvido na reação.

Com o craqueamento sobre o catalisador de equilíbrio ZSM-5 "B" como base, a introdução de 15VA1 também promoveu a conversão de n-heptano. Além disso, houve outros pontos comuns na alteração da distribuição dos produtos, ou seja, a seletividade para hidrogénio, aromáticos e produtos de coque aumentou, e a do etano, etileno, propano e butano diminuiu, o conteúdo de isobutileno nos butilenos aumentou. A diferença foi a extensão da diminuição ou aumento da conversão ou da seletividade do produto.

4.1.3 Influências do teor de V_2O_5/Al_2O_3 no craqueamento do n-heptano sobre catalisadores mistos V_2O_5/Al_2O_3 e de equilíbrio ZSM-5

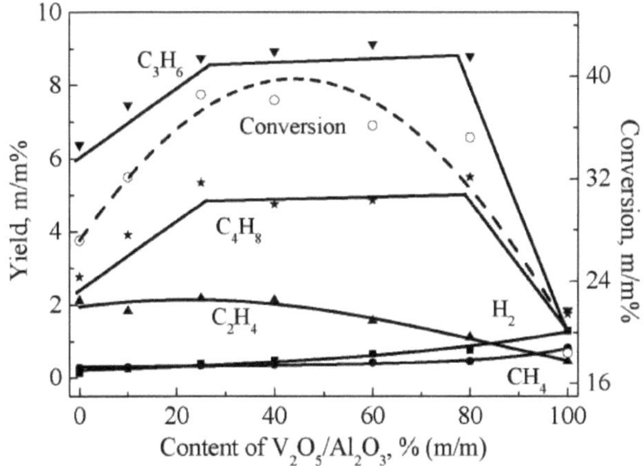

Fig. 4-11 Resultados dos desempenhos catalíticos com diferentes V_2O_5/Al_2O_3 no catalisador misto para o craqueamento do n-heptano

Para avaliar os desempenhos catalíticos do catalisador misto (15VAl e catalisador de equilíbrio ZSM-5 "B") com conteúdo relativo variado, as reacções foram realizadas num reator de leito fixo carregado com uma quantidade de catalisador de 5 g e injectando 1,2 g de n-heptano transportado por gás nitrogénio de 30 mL/min a 550 °C. Os resultados são mostrados na Fig.4-11.

Com o catalisador ZSM-5 em equilíbrio, o craqueamento do n-heptano deu uma conversão de quase 28%, com C_3 (propano e propileno) e C_4 (butano e butileno) como principais produtos gasosos e não se observou óxido de carbono. Uma mistura de hidrocarbonetos na gama de C_5-C_{10} foi formada nos produtos líquidos, corroborando a complexidade da rede de reação, que incluiu craqueamento, desidrogenação e aromatização, etc. A atividade catalítica do V_2O_5/Al_2O_3 foi muito inferior, dando uma conversão de 18,41%. Para além disso, a distribuição do produto em V_2O_5/Al_2O_3 exibiu caraterísticas de craqueamento térmico, elevado rendimento de gás seco em relação ao gás de petróleo liquefeito. Isto estava de acordo com o relatado na literatura, que relatou que a presença de catalisador de óxido metálico não alterou a distribuição de produtos de craqueamento térmico e apenas acelerou a reação inicial de radicais livres. [14] Após a introdução do catalisador 15VAl com uma quantidade inferior a 40%, a conversão e o rendimento de propileno e butileno foram obviamente promovidos. Com o aumento do teor de 15VAl, a conversão diminuiu significativamente e o rendimento do propileno e dos butilenos registou um declínio significativo quando o teor excedeu 80%. O rendimento do hidrogénio e do metano aumentou monotonicamente com o teor de 15VAl, enquanto o do etileno apresentou uma tendência decrescente.

Assim, embora a introdução de 15VAl possa promover a conversão de n-heptano, o catalisador ZSM-5 continua a ser o principal contribuinte para a atividade catalítica da reação de craqueamento. Se adicionar demasiado 15VAl, a reação de craqueamento térmico intensifica-se, pelo que o teor de 15VAl deve ser melhor controlado numa determinada gama.

4.1.4 Conversão de n-heptano sobre catalisador misto de equilíbrio V_2O_5/Al_2O_3 e ZSM-5 em modo de reação de impulsos repetidos

Para confirmar o papel do catalisador V_2O_5/Al_2O_3 no sistema de catalisador misto, a reação de impulsos repetidos foi realizada sem a presença de qualquer gás oxidante no reator de leito fixo operado nas mesmas condições que as indicadas no ponto 4.1.3.

A Fig. 4-12 mostra a conversão de n-heptano sobre o catalisador ZSM-5 e os catalisadores mistos com o aumento do número de impulsos. A reatividade sobre o ZSM-5 de equilíbrio foi estável dentro da gama de reacções de impulsos examinadas, e a conversão apenas diminuiu cerca de 3 percentagens após 20 reacções de impulsos. Após a introdução de 15VAl, a reatividade foi melhorada e a conversão aumentou de 27% para cerca de 34% na primeira reação de impulso. Com o aumento do número de reacções por impulsos, a conversão apresentou uma tendência decrescente moderada, que foi mais óbvia após a primeira reação por impulsos. A diferença da conversão com e sem a introdução de 15VAl tornou-se gradualmente menor com o aumento dos tempos de reação, com um valor de 2,3 por cento na vigésima reação por impulsos.

Os rendimentos de hidrogénio, compostos aromáticos e óxido de carbono em função dos tempos de reação dos impulsos são apresentados na Fig. 4-13. A formação de aromáticos e hidrogénio foi intensificada após a introdução de 15VAl, e os seus rendimentos diminuíram continuamente com o aumento dos tempos de reação. Não foi detectado CO nos produtos de craqueamento obtidos sobre o catalisador ZSM-5, e a introdução de 15VAl provocou a formação de CO, o que se supõe estar associado à participação de espécies de oxigénio no catalisador 15VAl, uma vez que não se verificou a presença de gás oxidativo na fase gasosa. No entanto, o rendimento de CO apresentou uma tendência decrescente, sugerindo uma menor quantidade de espécies de oxigénio envolvidas na reação, sem suplementação do oxigénio da rede durante o processo de reação de impulsos repetidos. A Fig. 4-13 apresenta as alterações do rendimento de etileno, propileno e butilenos. A introdução de 15VAl reduziu o rendimento do etileno e melhorou o rendimento do propileno e dos butilenos. A extensão da alteração causada pela introdução do 15VAl foi a mais significativa na primeira reação, tendo-se tornado mais pequena na segunda reação, após a qual praticamente não foi influenciada pelas reacções de impulso crescentes.

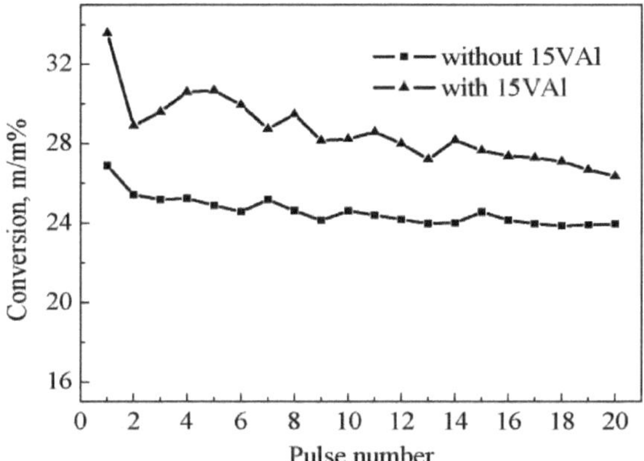

Fig. 4-12 Conversão do n-heptano com o aumento do número de impulsos

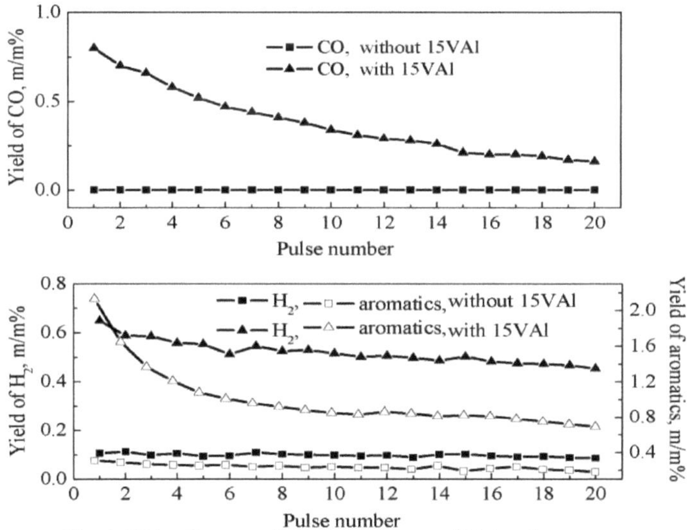

Fig. 4-13 Rendimentos de H_2, aromáticos e CO do n-heptano reação com o aumento do número de impulsos

A partir dos resultados acima, é fácil constatar que as influências da introdução de 15VAl foram enfraquecidas com o aumento dos tempos de reação, especialmente após a primeira reação de impulso. Presume-se que as espécies activas de oxigénio estavam preferencialmente envolvidas e resultaram nos impactos mais significativos na reação.

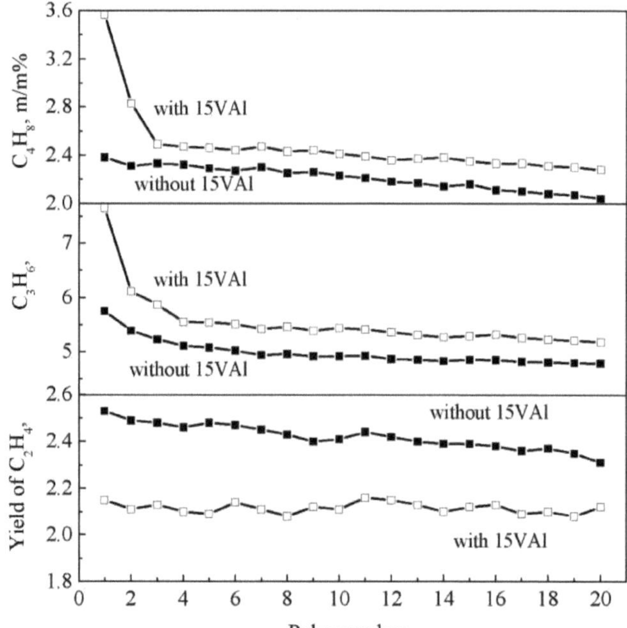

Fig. 4-14 Rendimentos de C_2H_4, C_3H_6 e C_4H_8 do n-heptano reação com o aumento do número de impulsos

Para explorar melhor a identidade das espécies de oxigénio envolvidas na reação, a conversão em fluxo contínuo do n-heptano foi realizada na ausência de oxigénio em fase gasosa. Os resultados relacionados publicados na ref [185] demonstraram que o oxigénio da rede superficial foi consumido continuamente durante a conversão em fluxo contínuo sobre o catalisador misto de 15VAl e ZSM-5. Os comportamentos da participação do oxigénio na rede foram largamente responsáveis pelas influências trazidas pela introdução do 15VAl.

4.2 Influências das cargas de V_2O_5 nos desempenhos de ativação oxidativa de V_2O_5/Al_2O_3 no cracking catalítico do n-heptano

4.2.1 Propriedades do V_2O_5/Al_2O_3 com diferentes cargas de vanádio

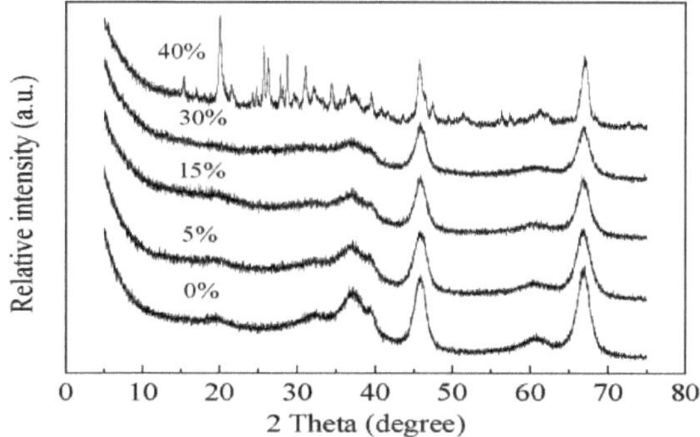

Fig. 4-15 Padrão XRD de V_2O_5/Al_2O_3 de diferentes cargas de vanádio (calcinadas a 600C')

Quadro 4-3 Área superficial BET e densidade superficial calculada de VO_X de V_2O_5/Al_2O_3 com diferentes cargas de vanádio (calcinado a 600C)

Catalyst	V_2O_5 content (m %)	BET surface area (m^2/g)	Apparent surface density (VOx/nm^2)	Acid amount(μmol/g)	
				B	L
Bulk Al_2O_3	0	215.5	0	0	168
5VAl	5	202.4	1.6	11	159
10VAl	10	195.8	3.4	50	131
15VAl	15	185.7	5.3	61	108
20VAl	20	182.5	7.2	63	106
25VAl	25	165.5	10.0	60	102
30VAl	30	146.2	13.6	62	103
40VAl	40	109.6	24.1	53	112
50VAl	50	67.7	48.9	56	107

A Fig.4-15 mostra os padrões de difração de raios X de V_2O_5/Al_2O_3 com diferentes cargas de vanadia. Apenas se observam linhas de difração caraterísticas atribuídas ao γ-Al_2O_3 na DRX das amostras com cargas de vanádio inferiores a 30%, e a intensidade destes picos diminui com o aumento da carga de vanádio. Os resultados excluem a presença de qualquer espécie de aglomerado de vanádio na superfície do suporte de alumina de tamanho de partícula >ca. 3 nm a cargas mais baixas de vanádio. No entanto, apareceram várias linhas de difração com cargas de vanadia mais elevadas (40 wt.%), que podem ser atribuídas principalmente à formação de V_2O_5 cristalino (JP 72-598) e $AlVO_4$ (JP 39-276).

Como medida primária para as propriedades físicas, foi realizada a fisissorção de azoto para uma série de V_2O_5/Al_2O_3 com diferentes cargas de vanádio. A área de superfície específica BET destas amostras é apresentada na Tabela 4-3. A área de superfície específica BET do suporte de Al_2O_3 é de 215,5 m^2/g, como mostra a Tabela 4-3. Depois de carregado com 5wt.% de V_2O_5, a área superficial diminuiu para 202,4 m^2/g, e diminuiu com o aumento da carga de vanadias, com um valor de apenas 67,7 m^2/g para 50VAl. A densidade superficial aparente teórica da unidade VO_X foi calculada e os resultados estão listados na Tabela 4-3. A densidade superficial do VO_X aumentou rapidamente com o aumento do teor de V_2O_5. Para os catalisadores de óxido de vanádio suportados, a configuração da unidade VO_X é considerada o fator-chave que afecta o desempenho do catalisador, sendo afetada por vários factores, tais como as propriedades do suporte, a quantidade de carga e o ambiente. [116,186] Em geral, as espécies de vanádio estão bem dispersas na superfície de um determinado suporte (como Al_2O_3, TiO_2 ou ZrO_2) sob cobertura monocamada. A unidade VOX existe inicialmente numa forma isolada, sendo depois ligada entre si para formar um VO_X polimerizado com cargas crescentes de vanádio. Quando o teor de V_2O_5 é superior à quantidade correspondente à cobertura de monocamada, os grãos de V2O5 começam a formar-se e podem também formar-se cristais resultantes da interação entre a vanádia e o suporte (como o $AlVO_4$). No caso do V_2O_5/Al_2O_3, foram efectuados muitos estudos sobre a estrutura das unidades de vanádio na sua superfície e o seu efeito na desidrogenação oxidativa de alcanos baixos. [116,179,182, 186-190] A possível estrutura da unidade VO_X sobre suporte de alumina em monocamada dispersão é descrita na Fig. 4-16. [189]

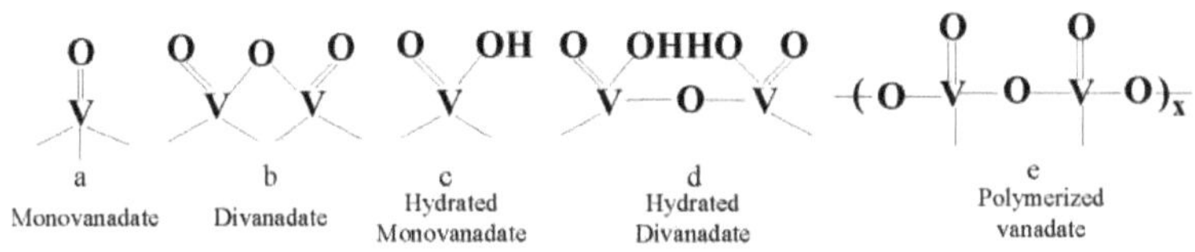

Fig.4-16 Estrutura da unidade VO_X sobre suporte de alumina

De acordo com a literatura, o VO_X polimerizado começou a formar-se com uma densidade superficial de VO_X superior a 1-2 VOx/nm^2, e um valor de 7-

8 VOx/nm^2 correspondeu à formação de uma cobertura monocamada de unidades de VO_X num suporte de Al_2O_3. Por conseguinte, a unidade VO_X apresentou-se sob diferentes formas nas amostras de catalisador com cargas variadas de vanádio. Com base na densidade superficial calculada de VO_X, , concluiu-se que uma cobertura monocamada poderia possivelmente ser formada nas amostras com 20-25 wt.% de V_2O_5. No entanto, os resultados de XRD indicaram a formação de fase cristalina de V_2O_5 apenas para a amostra com cargas de vanádio de 40%. Esta inconsistência deve estar relacionada com a sensibilidade do instrumento de XRD. A densidade superficial teórica de cobertura monocamada de VOX foi determinada por numerosas caracterizações, tais como Raman, IR, XPS, 51V-NMR, UV-VIS DRS TPR/TPO e etc., ou qualquer combinação das mesmas.

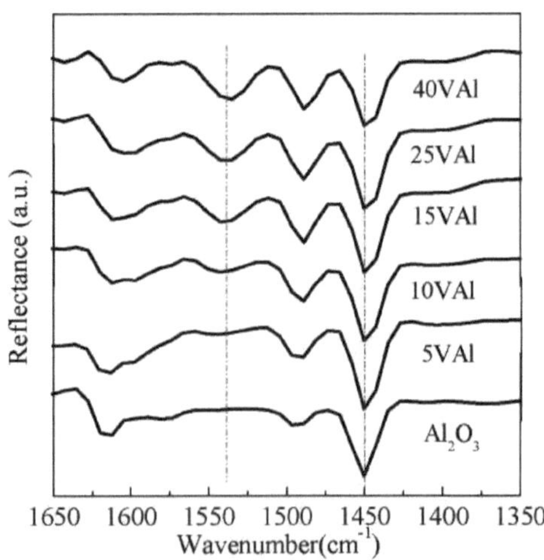

Fig. 4-17 Piridina-FT-IR-DRIFTS de V2O5/Al2O3 com diferentes cargas de vanádio (dessorção a 200°C)

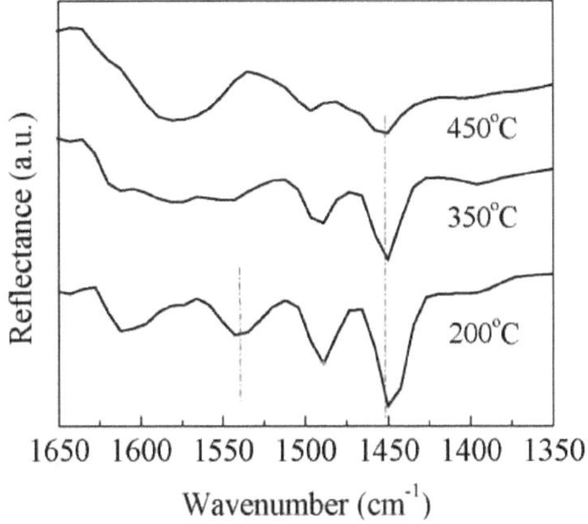

Fig. 4-18 Traços de piridina-FT-IR de 15VA1
(obtido com diferentes temperaturas de dessorção)

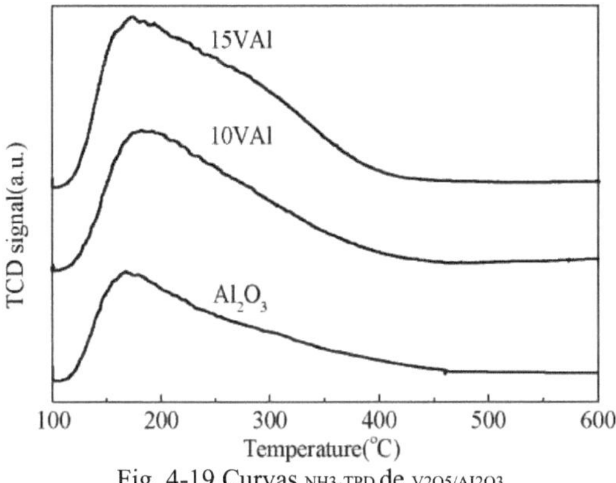

Fig. 4-19 Curvas NH3-TPD de V2O5/Al2O3

A Fig. 4-17 mostra os espectros de reflectância difusa no infravermelho (obtidos após dessorção a 200 °C) utilizando piridina para analisar as propriedades ácidas do V_2O_5/Al_2O_3 com diferentes cargas. Apenas foram detectados sítios ácidos de Lewis no suporte de alumina para a presença da banda 1450 cm^{-1}. Depois de carregado com 5 wt.% de V_2O_5, formaram-se sítios de ácido de Bronsted, e a quantidade aumentou com o aumento da carga de vanadia, indicada pelo aumento da área integral da banda a 1450 cm^{-1}. Os resultados demonstraram que a carga de vanadia reduziu a quantidade de sítios ácidos de Lewis na superfície do Al_2O_3 e levou à formação de acidez de Bronsted. A Fig. 4-18 compara os espectros de reflectância difusa no infravermelho do catalisador 15VAl após a dessorção da piridina a diferentes temperaturas. Os espectros obtidos após a dessorção a 200 °C apresentaram uma banda óbvia a 1540 cm^{-1}, que desapareceu após a dessorção a 350 °C e 450 °C. Este resultado indica que os sítios ácidos de Bronsted associados à carga de vanádio se apresentam principalmente sob a forma de acidez fraca, o que está de acordo com os resultados NH3-TPD apresentados na Fig.4-19. O pico de dessorção com temperatura de pico inferior a 200 °C também demonstrou a fraca acidez destes catalisadores. Em comparação com o suporte de alumina, o pico de dessorção de NH_3 do V_2O_5/Al_2O_3 desloca-se para uma temperatura mais elevada com áreas aumentadas, indicando a melhoria da força ácida média e da quantidade total de ácido. Os resultados apresentados no Quadro 4-3 demonstram que a quantidade de sítios ácidos de Bronsted em V_2O_5/Al_2O_3 aumenta monotonamente com o aumento da carga de V_2O_5 até 20%, acompanhada pela diminuição gradual da acidez de Lewis. Com o aumento do teor de $V_{(2)}O_5$, a quantidade de sítios ácidos de Lewis e de Bronsted quase não se alterou, e depois a acidez de Bronsted diminuiu quando o teor de V_2O_5 aumentou para 40%.

A formação de acidez de Bronsted após o carregamento de vanádio foi também observada por Martinez-Huerta, Steinfeldt e seus colaboradores. [179,182] acreditava-se geralmente que a geração de sítios de ácido de Bronsted estava intimamente relacionada com a configuração da unidade VO_X, mais especificamente, a hidroxila ligada ao átomo de vanádio, ou seja, o V-OH mostrado na Fig.4-16 (c/d) era a fonte da acidez de Bronsted. É interessante notar que o V_2O_5/Al_2O_3 com acidez de Bronsted máxima correspondia a uma cobertura monocamada de espécies de vanádio, de acordo com os resultados discutidos acima.

Assim, era razoável concluir que os sítios de ácido de Bronsted aumentavam à medida que se formavam mais espécies V-OH com cargas crescentes de vanadias quando a superfície era coberta por uma sub-monocamada de unidades VOX. No entanto, o aumento do teor de vanadias conduziu facilmente à formação de fases $AlVO_4$ e V_2O_5 em massa, o que reduziu a quantidade de espécies VO_X expostas e, consequentemente, a quantidade de acidez de Bronsted diminuiu.

A Fig. 4-20 mostra os espectros de reflectância difusa no infravermelho para catalisadores 15VAl preparados com diferentes temperaturas de calcinação após dessorção de piridina a 200 °C. Pode ser visto que a quantidade de sítios de ácido de Bronsted aumentou significativamente quando a temperatura de calcinação foi aumentada de 600 ° C para 700 ° C, indicando o aumento de V-OH contido na unidade de superfície VO_X. O 15VA1 após redução por H_2 foi também caracterizado por reflectância difusa no infravermelho da piridina para comparar as suas propriedades ácidas com as do estado oxidado.

Após a redução, a banda de reflectância a 1540 cm^{-1} desapareceu, o que demonstrou o desaparecimento da acidez de Bronsted após a redução, e a razão é ilustrada na Fig. 4-21.[189,190]

Como mencionado anteriormente, a fonte dos sítios de ácido de Bronsted foi considerada como o hidroxilo ligado ao átomo de vanádio com cinco coordenadas, que foi transformado numa estrutura de espécies de vanádio com quatro coordenadas e uma vaga de oxigénio após a redução.

Consequentemente, não se observa acidez de Bronsted devido ao desaparecimento de V-OH. Turek e Wachs também descobriram que a presença de sítios ácidos de Bronsted estava relacionada apenas com a vanádia no estado de oxidação. [191]

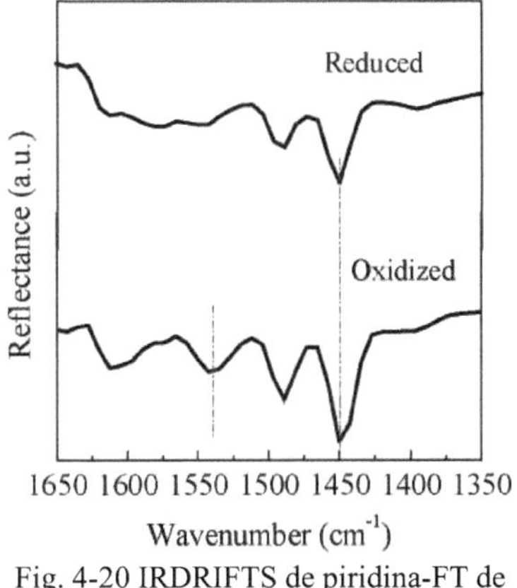

Fig. 4-20 IRDRIFTS de piridina-FT de
e 15VAl reduzido (dessorção a 200°C)

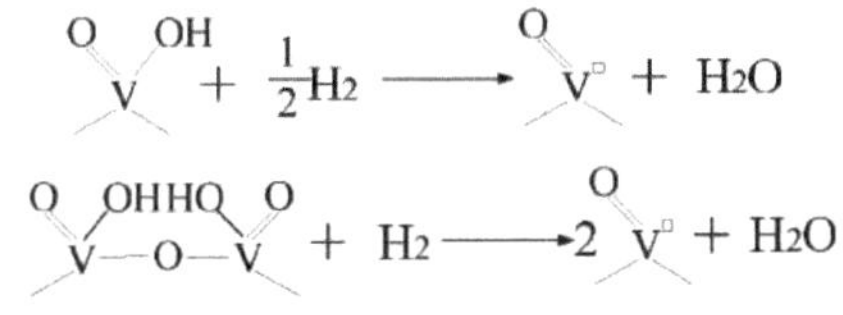

$$\mathrm{O{=}V(OH)} + \frac{1}{2}H_2 \longrightarrow \mathrm{O{=}V^{\square}} + H_2O$$

$$\mathrm{O{=}V(OH){-}O{-}V(OH){=}O} + H_2 \longrightarrow 2\ \mathrm{O{=}V^{\square}} + H_2O$$

Fig. 4-21 Alterações da estrutura do VOx após redução de 15VA1

4.2.2 Desempenho do craqueamento do n-heptano sobre catalisador misto ZSM-5 e V_2O_5/Al_2O_3 com diferentes cargas de vanádio

Obteve-se uma série de catalisadores mistos misturando fisicamente V_2O_5/Al_2O_3 com diferentes cargas de vanádio e catalisador ZSM-5 com uma relação de peso de 1/4. Os desempenhos catalíticos foram avaliados num reator de esferas fixas operado em condições semelhantes às descritas na secção 4.1.2.

A conversão de n-heptano sobre os catalisadores mistos em função das cargas de V_2O_5 é mostrada na Fig. 4-22. Os resultados demonstraram que a conversão aumentou primeiro e depois diminuiu com o aumento do teor de vanadia em V_2O_5/Al_2O_3. A mistura de Al_2O_3 sem carga de vanadia e catalisador ZSM-5 resultou numa conversão de cerca de 35%, que aumentou rapidamente para cerca de 57% com o aumento do teor de V_2O_5 para 15% sobre o suporte de alumina. Em seguida, houve pouca mudança na conversão com o conteúdo aumentado para 30%, seguido de uma diminuição significativa para 45% sobre o catalisador misto com cargas de V_2O_5 de 50%. O rendimento do GPL e do gás seco também apresentou uma tendência semelhante à da curva de conversão, como se mostra na Fig. 4-23. À medida que o teor de V2O5 aumentou de 0% para 15%, o rendimento do GPL aumentou de ~20% para ~33%; alterou-se ligeiramente para o teor de V_2O_5 na gama de 15% a 30%, e depois diminuiu para cerca de 27% catalisadores mistos de 50% V_2O_5/Al_2O_3 e ZSM-5. O rendimento do gás seco variou numa gama mais pequena, com um valor de ~8%, ~13% e ~12% para o teor de vanádio de 0%, 15%-30% e 50% respetivamente. Como resultado da tendência de variação do GPL e do gás seco, a relação de peso entre eles (GPL/gás seco) diminuiu monotonamente com o aumento do teor de $V_{(2)}O_5$ V_2O_5/Al_2O_3.

A introdução do catalisador V_2O_5/Al_2O_3 conduziu frequentemente a um aumento significativo do teor de hidrogénio e de compostos aromáticos no produto. Como se mostra na Fig. 4-24, o rendimento do hidrogénio e dos aromáticos aumentou no catalisador misto com cargas de V_2O_5 inferiores a 20%, mantendo-se depois a um nível estabilizado, com um aumento adicional do teor de V_2O_5. A Fig. 4-25 mostra a variação do rendimento de CO e CO_2. O CO e o CO_2 formaram-se com a adição de V_2O_5/Al_2O_3, tendo ambos aumentado com a carga de V_2O_5. Mas o rendimento de CO2 foi muito menor e variou numa gama muito mais pequena, em comparação com o de CO.

O rendimento das olefinas leves, incluindo etileno, propileno e butilenos, é apresentado na Fig. 4-26. Com o aumento do teor de V_2O_5, o rendimento do etileno diminuiu lentamente, enquanto o rendimento do propileno e dos butilenos apresentou uma tendência semelhante à da curva de conversão, ou seja, aumentou primeiro e depois diminuiu com um valor de pico centrado em cargas de vanádio de 20%-25%. A Fig. 4-27 mostra a seletividade do etileno, propileno e butilenos em relação aos seus alcanos correspondentes em função da carga de V_2O_5. Pode observar-se que a razão molar propileno/propano diminuiu significativamente com o aumento da carga de vanádio e que os butilenos/butano também diminuíram, mas com uma taxa inferior; enquanto a razão etileno/etano diminuiu rapidamente quando a carga de V_2O_5 aumentou de 0% para 10%, tendendo depois a estabilizar-se. Por conseguinte, o aumento da carga de $V_{(2)}O_5$ no catalisador V_2O_5/Al_2O_3 não foi favorável em termos da seletividade relativa das olefinas leves.

Para os catalisadores de óxido de vanádio suportados utilizados em reacções oxidativas selectivas, acredita-se geralmente que a configuração da unidade VO_X sobre a superfície do catalisador é o fator-chave que influencia o desempenho catalítico. Isto explica as grandes diferenças nos resultados da reação de craqueamento do n-heptano sobre uma mistura de V_2O_5/Al_2O_3 com diferentes cargas de vanádio e catalisadores ZSM-5, uma vez que as espécies de vanádio exibiram uma morfologia diferente sobre o suporte de alumina, dependendo da densidade VOX da superfície. A partir dos resultados da reação acima referidos, não é difícil constatar que os catalisadores mistos contendo V_2O_5/Al_2O_3 com cargas de V_2O_5 de 20~25% apresentaram os melhores desempenhos no cracking do n-heptano, em termos de conversão e rendimento de propileno e butilenos. Além disso, a carga de 20~25% correspondeu ao valor de pico para produtos como hidrogénio, aromáticos, CO, gás seco e GPL. Acontece que a quantidade de carga também correspondia à cobertura teórica da monocamada da unidade VOX. Antes disso, o VOX existia primeiro como uma unidade isolada e depois formava gradualmente um estado polimerizado até se formar uma cobertura de monocamada de VO_X e depois começavam a aparecer grãos de V_2O_5. Assim, considerou-se que um aumento da quantidade de carga de V2O5 abaixo da cobertura da monocamada implicava um aumento do número de unidades de VOX expostas e do oxigénio da rede na superfície do catalisador, o que contribuía significativamente para a conversão. Apesar do aumento da quantidade de oxigénio na rede, o oxigénio na rede existia principalmente na fase em massa com cargas de vanádio ainda melhores. O oxigénio da rede da fase a granel era difícil de utilizar devido à sua fraca acessibilidade. Por conseguinte, a quantidade de oxigénio da rede superficial que podia ser utilizada diminuiu com o aumento das cargas de vanadina acima da cobertura da monocamada. Este facto explica a diminuição da conversão com cargas de vanádio mais elevadas. Houve uma exceção para o rendimento do etileno, que diminuiu monotonicamente com o aumento da carga de V_2O_5. Este comportamento deve estar relacionado com as diferentes vias de craqueamento do n-heptano após a introdução de V_2O_5/Al_2O_3. A partir da alteração da razão propileno/propano e buteno/butano com a carga de V_2O_5, pode-se concluir que o As unidades VO_X apresentaram uma melhor seletividade para olefinas leves em comparação com os grãos polimerizados VOX e V_2O_5.

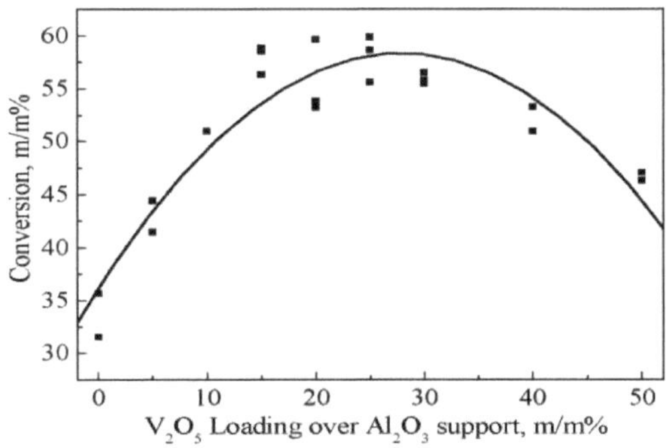

Fig. 4-22 Influências das cargas de V_2O_5 no n-heptano sobre catalisadores mistos V_2O_5/Al_2O_3 e HZSM-5

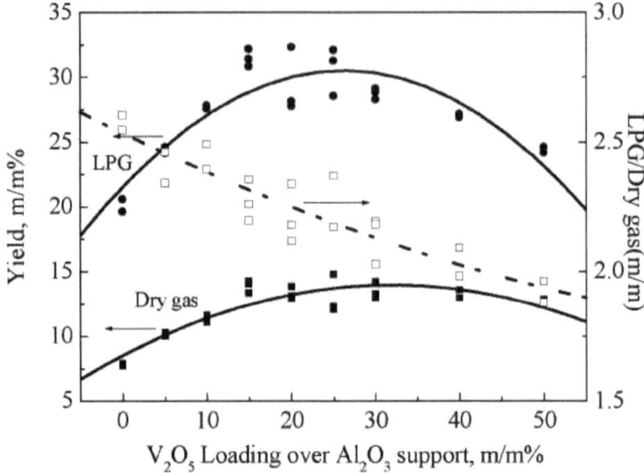

Fig. 4-23 Influências das cargas de V2O5 nos rendimentos de gás seco e de GPL da conversão de n-heptano em catalisadores mistos V_2O_5/Al_2O_3 e HZSM-5

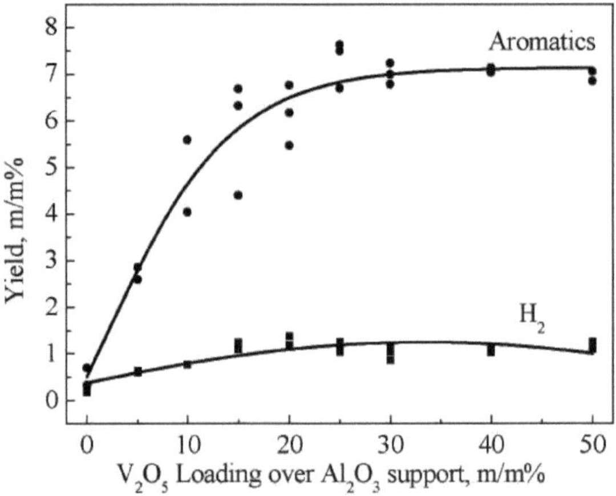

Fig.4-24 Influências das cargas de V_2O_5 nos rendimentos de hidrogénio e aromáticos da conversão de n-heptano sobre catalisadores mistos V_2O_5/Al_2O_3 e HZSM-5

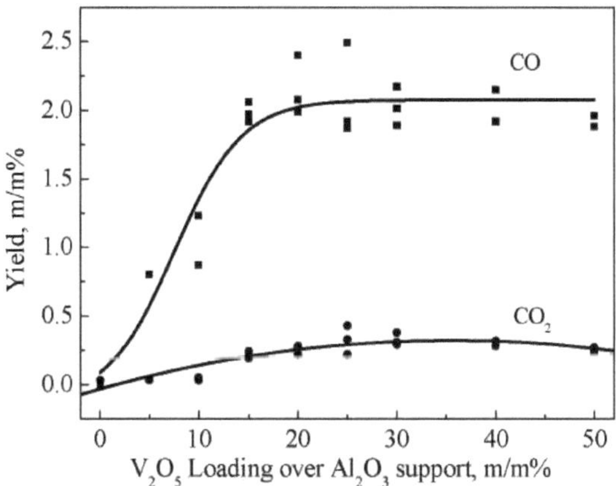

Fig. 4-25 Influências das cargas de V_2O_5 nos rendimentos de CO e CO_2 de Conversão de n-heptano sobre catalisadores mistos V_2O_5/Al_2O_3 e HZSM-5

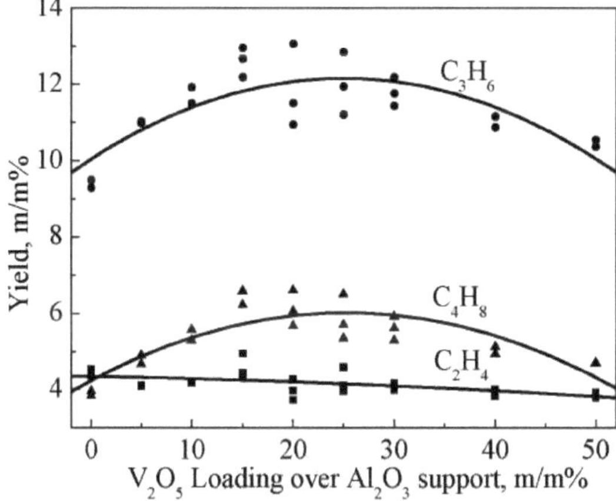

Fig. 4-26 Influências das cargas de V_2O_5 nos rendimentos de etileno, propileno e butileno da conversão de n-heptano sobre catalisadores mistos V_2O_5/Al_2O_3 e HZSM-5

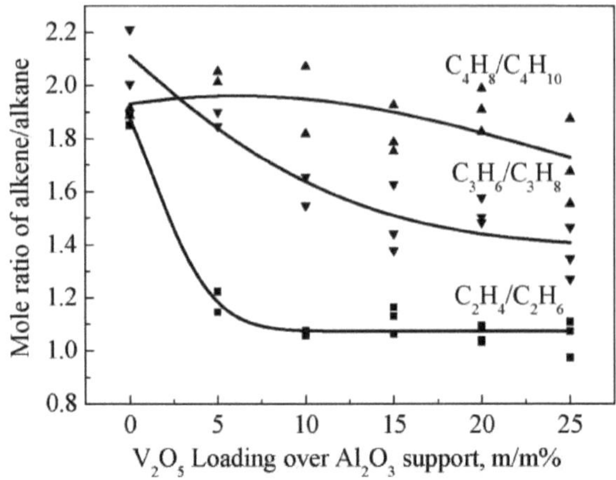

Fig. 4-27 Influências das cargas de V_2O_5 nas razões molares de C_2H_4/C_2H_6, $C3H_6/C3H_8$, $C4H_8/C4H_{10}$ sobre catalisadores mistos de V_2O_5/Al_2O_3 e HZSM-5

4.3 Craqueamento do N-heptano sobre catalisadores mistos V_2O_5/Al_2O_3 e HZSM-5 numa unidade de leito fluidizado circulante

No nosso estudo anterior, as influências da introdução de V_2O_5/Al_2O_3 na conversão de n-heptano no catalisador ZSM-5 foram sistematicamente estudadas num reator de leito fixo. A fim de minimizar as reacções de oxidação profunda, apenas as espécies de oxigénio fornecidas pelo V_2O_5/Al_2O_3 estiveram presentes no sistema de reação sem a introdução de qualquer gás oxidante. Os resultados demonstraram que a presença de oxigénio não só melhorou a reatividade de conversão do n-heptano sobre o catalisador de equilíbrio ZSM-5, como também alterou significativamente a seletividade do produto. O desempenho melhorado foi supostamente atribuído à reação inicial promovida por V_2O_5/Al_2O_3, como indicado pelos resultados publicados em [191]. O oxigénio da rede, que pode ser libertado pelo V_2O_5/Al_2O_3 durante a reação, foi considerado como espécie ativa no V_2O_5/Al_2O_3. Com o aumento do tempo de fluxo, o oxigénio ativo da rede foi continuamente consumido e a influência do V_2O_5/Al_2O_3 foi gradualmente enfraquecida durante a conversão em fluxo contínuo do n-heptano, se não estivesse presente oxigénio em fase gasosa.

Em 1995, a Dupont desenvolveu com êxito um novo processo para a oxidação selectiva do butano em anidrido maleico. O processo utilizou o oxigénio da rede para substituir o gás oxidante como fonte de oxigénio para a oxidação do n-butano no reator de elevação, enquanto o gás de oxigénio foi alimentado no regenerador separadamente para evitar o contacto direto entre o n-butano e o oxigénio. A reação foi realizada de acordo com o modo de reação-reoxidação, durante o qual o catalisador circulou no reator e no regenerador para assegurar a atividade do catalisador durante a reação contínua e minimizar a oxidação excessiva devido à presença de gás oxidante na reação.

Nesta secção, foi estudada a conversão de n-heptano numa unidade CFB, que permitiu uma reação contínua sem redução da atividade de V_2O_5/Al_2O_3 teoricamente com o tempo de reação, uma vez que o oxigénio da rede ativa pode ser prontamente suplementado no regenerador. Caso contrário, o gás oxidante deve ser co-alimentado no reator para assegurar a atividade em reação contínua, o que, por sua vez, intensifica as reacções de oxidação profunda. Por conseguinte, o n-heptano foi introduzido no reator de riser para entrar em contacto com catalisadores mistos V_2O_5/Al_2O_3 e HZSM-5. Enquanto o regenerador foi utilizado para recuperar a atividade do catalisador , ou seja, o V_2O_5/Al_2O_3 foi reoxidado na atmosfera de ar para restaurar o oxigénio consumido da rede, e o coque depositado no catalisador ZSM-5 foi queimado. Além disso, as experiências em grande escala na unidade CFB podem permitir-nos fazer cálculos de balanço de oxigénio, uma vez que a quantidade de produtos contendo oxigénio dificilmente pode ser determinada no reator de leito fixo.

4.3.1 Influências do teor de V_2O_5/Al_2O_3

Tabela 4-4 Conversão e distribuição de produtos do n-heptano em misturas catalisadores com diferentes teores de V_2O_5/Al_2O_3 na unidade CFB

No. of Cat.	Content of V_2O_5/Al_2O_3	Conversion (wt./wt. %)	Product distribution (wt./wt. %)			
			Dry gas	LPG	Liquid product	coke
1	0%	40.64	16.41	58.54	24.26	0.59
2	20%	76.18	12.43	47.83	30.12	8.16
3	33%	73.58	9.80	51.62	26.98	9.77

Tabela 4-5 Rendimento do produto do craqueamento do n-heptano em mistura catalisadores com diferentes teores de V_2O_5/Al_2O_3 na unidade CFB

Product yield (wt./wt. %)	No. of Cat. 1	2	3
H_2	0.13	1.36	1.09
CH_4	0.80	1.43	1.20
C_2H_6	2.31	1.62	1.44
C_2H_4	3.43	5.06	3.50
C_3H_8	3.77	6.26	5.91
C_3H_6	9.46	14.52	15.54
i-C_4H_{10}	0.51	1.72	1.99
n- C_4H_{10}	2.14	2.54	2.77
i-C_4H_8	3.26	5.39	6.06
1-C_4H_8	1.33	1.26	1.33
cis-2- C_4H_8	1.41	2.05	2.06
trans-2-C_4H_8	1.91	2.69	2.82
CO	0.00	0.24	0.25
CO_2	0.11	0.12	0.12
Dry gas,	6.67	9.47	7.21
LPG	23.79	36.44	37.98
Aromatics	1.46	8.14	8.17
Coke	0.24	6.22	7.19
H_2O	0	2.38	3.65

Os detalhes do leito fluidizado circulante e do processo de operação foram descritos na Secção 2.3.3. As reacções foram realizadas a 570 °C (refere-se à temperatura de saída do reator de riser) durante 90 minutos com um tempo de residência de 12 s e um caudal de n-heptano de 6 mL/min. O rácio de massa do catalisador para o n-heptano foi de 12.

Tabela 4-6 Seletividade relativa do produto do craqueamento do n-heptano em misturas catalisadores com diferentes teores de V_2O_5/Al_2O_3 na unidade CFB

Relative product selectivity (wt./wt. %)	No. of Cat. 1	2	3
$C_3^=/C_3$	2.62	2.42	2.75
$C_4^=/C_4$	3.09	2.76	2.98
$i\text{-}C_4^=/C_4^=$	0.41	0.47	0.49
$(C_3^= + C_4^=)/C_2^=$	2.99	3.04	4.71

A conversão e a distribuição de produtos do craqueamento do n-heptano sobre catalisadores mistos com diferentes teores de V_2O_5/Al_2O_3 na unidade CFB são mostradas na Tabela 4-4. A conversão do n-heptano sobre o catalisador HZSM-5 de equilíbrio foi moderada, cerca de 40,6%, com o gás craqueado dominando nos produtos finais. Após a substituição de 20% do catalisador HZSM-5 por 15VAl, a conversão diminuiu 2,6 por cento quando o conteúdo de 15VAl aumentou de 20% para 33%. A promoção deve ser contribuída pelos sítios de vanádio, porque o efeito do suporte de alumina foi excluído no nosso estudo anterior. No sistema de catalisador misto composto por catalisador HZSM-5 e V_2O_5/Al_2O_3, o primeiro forneceu sítios ácidos para reacções de craqueamento, e o último poderia libertar oxigénio da rede sob atmosfera redutora durante a reação. Apesar dos desempenhos melhorados pela introdução de 15VAl, o catalisador HZSM-5 foi ainda a principal fonte de atividade para as reacções de craqueamento, que dominaram no sistema de reação complexo. A presença de 15VAl foi sugerida para ativar a molécula de n-heptano e promover a etapa de iniciação, mas também levou à diminuição do conteúdo do catalisador HZSM-5 e, portanto, a menos locais activos para as reacções de craqueamento. Consequentemente, as influências negativas e positivas sobre a conversão de n-heptano foram associadas à introdução de 15VAl, e os resultados globais devem depender da força relativa dos dois lados. Esta é a razão pela qual a conversão diminuiu quando o conteúdo de 15VAl aumentou para 33%. Deveria haver uma quantidade óptima de 15VAl que promovesse a reação e produzisse mais propileno com a mínima diminuição possível na conversão. Também foram observadas alterações visíveis na distribuição do produto. O conteúdo do produto líquido (na gama da gasolina, excluindo o n-heptano não convertido) aumentou após a introdução do 15VAl, principalmente devido ao aumento dos aromáticos. Devido ao grande aumento do nível de conversão, a maioria dos produtos gasosos teve rendimentos mais elevados, como se mostra na Tabela 4-5. O rendimento do gás seco e do GPL, especialmente o último, aumentou em grande medida. O rendimento de etileno, propileno e butileno é de 3,43%, 9,46% e 7,91% sobre o catalisador HZSM-5 de equilíbrio, e aumentou para 5,06%, 14,52% e 11,39% sobre os catalisadores mistos com 20% de 15VAl, respetivamente. A introdução de 15VAl também trouxe um aumento substancial de hidrogénio, aromáticos e coque. Estes resultados sugerem que as reacções de desidrogenação, desidrociclização e aromatização foram intensificadas pelo 15VAl. Uma certa quantidade de dióxido de carbono foi encontrada nos produtos gasosos, e deve ser parte do gás de combustão arrastado pelos catalisadores. O monóxido de carbono só foi observado após a introdução do 15VAl, como resultado de alguma reação de oxidação. A água também foi produzida como produto de oxidação. A formação destes produtos oxigenados, combinada com a redução de algumas espécies de V^{5+}, indica que o oxigénio da rede do 15VAl participou na reação.

A razão molar de $C_{3=/C(3)}{}^{0}$ e $C_{4=/C(4)}{}^{0}$ não aumentou com a introdução de 15VA1, indicando que a seletividade relativa do propileno e dos butilenos e o teor de olefinas no gás liquefeito não foram melhorados, em comparação com os seus alcanos correspondentes, o que foi diferente dos resultados obtidos no reator de leito fixo. O teor de isobuteno na mistura de butilenos aumentou e a razão (propileno+butilenos)/etileno também aumentou.

4.3.2 Influências da introdução do vapor

Tabela 4-7 Conversão e distribuição de produtos do n-heptano sem e com introdução de vapor na unidade CFB

Cat.	Without or with steam	Conversion (wt./wt. %)	Product distribution (wt./wt. %)			
			Dry gas	LPG	Liquid product	coke
ZSM-5 cat.	without	40.64	16.41	58.54	24.26	0.59
ZSM-5 cat.	with	36.59	16.02	61.98	21.48	0.52
Mixed cat.	Without	76.18	12.43	47.83	30.12	8.16
Mixed cat.	with	67.62	13.28	56.45	20.56	0.88

Quadro 4-8 Seletividade do produto do cracking do n-heptano sem e com com introdução de vapor na unidade CFB

Product selectivity, %	Without steam (ZSM-5 cat.)	With steam (ZSM-5 cat.)	Without steam (Mixed cat.)	With steam (Mixed cat.)
Hydrogen	0.32	0.30	1.78	1.32
Methane	1.97	2.00	1.88	1.79
Ethane	5.68	5.60	2.13	3.39
Ethylene	8.44	8.12	6.64	6.49
Propane	9.28	9.26	8.22	8.86
Propylene	23.28	25.61	19.06	26.23
Butane	6.52	6.50	5.59	5.15
Butylenes	19.46	20.41	14.95	16.21
Aromatics	3.59	3.47	10.68	8.64
Coke	0.59	0.53	8.16	5.88
Mole ratio				
$C_3^=/C_3$	2.62	2.90	2.42	3.10
$C_4^=/C_4$	3.09	3.28	2.76	3.27
$i\text{-}C_4^=/C_4^=$	0.41	0.42	0.47	0.50
$(C_3^=+C_4^=)/C_2^=$	2.99	3.37	3.04	3.77

Os resultados do craqueamento do n-heptano na unidade CFB sem e com introdução de vapor são comparados nas Tabelas 4-7 e 4-8. A conversão de n-heptano sobre o catalisador HZSM-5 diminuiu em quase 4 por cento após a introdução de vapor; os rendimentos dos produtos gasosos diminuíram em diferentes graus. Além disso, a presença de vapor melhorou a razão propileno-propano e butileno-butano e suprimiu a formação de aromáticos e coque. Nos catalisadores mistos, a introdução de vapor também levou à diminuição da conversão, em cerca de 9 por cento. Apesar da menor conversão, o rendimento do GPL aumentou em cerca de 1,5 por cento e o rendimento do propileno aumentou em mais de 3 por cento. O aumento da razão propileno-propano e butileno-butano e a diminuição do rendimento de aromáticos e coque também foram observados. Em geral, as influências da introdução de vapor comportaram-se de forma semelhante nos dois casos.

Zhao e Wojciechowski observaram um forte efeito de promoção na taxa de conversão global no craqueamento do 2-metilpentano sobre o zeólito HUSY a 400 °C quando uma pequena quantidade de vapor foi introduzida, mas mesmo níveis baixos de introdução de vapor resultaram em uma taxa de reação diminuída acima de 400 °C.[164] Corma et al. propuseram que a introdução de vapor poderia provocar impactos duplos: efeitos de diluição e dispersão[163]. O primeiro teve uma influência negativa na transformação da alimentação; enquanto o último vaporizaria e dispersaria o reagente na injeção de alimentação para um melhor contacto catalisador-óleo, o que era favorável à transformação da alimentação. Assim, as influências da introdução de vapor eram bastante complexas, e os resultados globais dependeriam da força relativa dos dois lados. Corma et al. também afirmaram que nem um aumento da acidez de Bronsted nem um efeito de adsorção concorrente do vapor foram observados no craqueamento do n-hexadecano com catalisador de equilíbrio à temperatura típica do craqueamento catalítico (>400 °C).[193] Os resultados da seletividade do produto são apresentados na Tabela 4-9. Foi observada uma maior seletividade de propileno e butileno e uma menor seletividade de aromáticos e coque após a introdução de vapor. A taxa de craqueamento versus pressão parcial de hidrocarbonetos seguiu uma cinética de primeira ordem, enquanto as reacções de transferência de hidrogénio , que foram ajustadas a uma equação cinética de segunda ordem, foram mais afectadas pela diminuição da pressão parcial de hidrocarbonetos, resultando num aumento da seletividade para propileno e butileno[163]. [163] A seletividade do produto pareceu mais sensível à introdução de vapor sobre os catalisadores mistos. Por exemplo, a seletividade do propileno aumentou de 19,1% para 26,2%, enquanto a seletividade dos aromáticos e do coque também diminuiu numa extensão muito maior, de 10,7% para 8,6%, e de 8,2% para 5,9%, respetivamente. A diminuição da seletividade dos aromáticos e do coque pode não só ser atribuída às reacções de transferência de hidrogénio deprimidas, mas também contribuir para a remoção de espécies fortemente adsorvidas pelo vapor durante a reação. [193]

Após uma reação contínua durante 90 minutos, foi recolhida uma quantidade considerável de água nos produtos finais. A fim de clarificar as espécies de oxigénio em funcionamento, a quantidade de água foi quantificada e os catalisadores foram caracterizados por XPS. Os resultados de XPS quantificados estão listados na Tabela 4-9. Os catalisadores designados por "R1" e "U1", "R2" e "U2" referiam-se ao catalisador misto regenerado e utilizado contendo 20% de 15VAl para a reação sem e com a presença de vapor, respetivamente. Mostrou que o estado de valência médio do vanádio diminuiu ligeiramente após a exposição à reação, indicando a redução da superfície de vanádio numa pequena extensão. Demonstrou também que o vanádio de superfície podia ser quase re-oxidado para o estado de valência original após a regeneração. Tanto o V^{5+} como o V4+ estavam presentes, com o primeiro a dominar em todas as amostras, não tendo sido detectado qualquer V^{3+} mesmo nos catalisadores utilizados. A concentração relativa de V^{5+} nas amostras regeneradas foi superior à das amostras usadas, e calculou-se que 7,41% e 5,91% da superfície de V^{5+} se envolveu na redução durante a reação sem e com introdução de vapor, respetivamente. Com base nestes resultados, os índices de balanço de oxigénio das reacções com introdução de 15VAl foram calculados de acordo com as equações abaixo indicadas:

Índice de balanço de oxigénio = quantidade de oxigénio da rede que participa na reação/quantidade de O nos produtos ($CO+H_2O$) X 100%.

Quantidade de oxigénio da rede que participa na reação = quantidade de V nos catalisadores X fração de V^{5+} da superfície que foi reduzida a V^{4+}*0,5 X número de tempos de reciclagem.

Um aspeto a ilustrar é o facto de a unidade VO_X se apresentar como uma espécie de vanádio dispersa na superfície da amostra de 15VAl, tal como referido anteriormente. Consequentemente, a informação de superfície fornecida pelos resultados XPS foi utilizada para obter a fração da superfície V^{5+} que foi reduzida a V^{4+}. Os resultados mostraram que o índice de equilíbrio do oxigénio foi de 73% e 68% para as reacções B e C. Isto significa que o oxigénio consumido na rede superficial representou cerca de 73% e 68% do oxigénio nos produtos oxigenados, indicando que outras espécies de oxigénio também participaram na reação. As espécies de oxigénio adsorvidas na superfície do catalisador também podem estar envolvidas e devem ser geradas durante a reoxidação do 15VAl no regenerador, uma vez que o 15VAl foi transferido para o reator diretamente após a regeneração sem pré-tratamento.

Os resultados da XPS indicaram que apenas uma pequena fração do oxigénio da rede superficial funcionou numa reação, possivelmente devido ao facto de uma grande fração de V^{5+} não poder ser reduzida à temperatura de reação, uma vez que a redutibilidade foi considerada uma razão importante para a baixa fração de utilização do oxigénio da rede. Além disso, o tempo de residência no reator de riser era de cerca de 12 s, e o reagente poderia não ser capaz de entrar em contacto total com os catalisadores nestas condições, de modo que apenas os sítios mais activos estavam disponíveis durante a reação. A partir da discussão acima, consideramos que o oxigénio da rede da unidade de vanadia do 15VAl foi o principal responsável pelas reacções de oxidação, que levaram à formação de água e monóxido de carbono. A atividade de craqueamento do n-heptano melhorou significativamente sob o efeito do 15VAl. Além disso, a distribuição do produto foi grandemente influenciada, caracterizada pela formação intensificada de hidrogénio, aromáticos e coque. Concluiu-se que o coque é uma espécie com forte adorabilidade, e o vapor foi capaz de promover a dessorção de tais espécies de forma eficaz, resultando numa menor seletividade de coque.

Quadro 4-9 Resumo da superfície derivada do nível do núcleo XPS informações sobre os catalisadores mistos

Cat.	O1s E_b (eV)	$V2p_{3/2}$ E_b (eV)	ΔE (eV)	Average state of V_{ox}	De-convolution results of $V2p_{3/2}$			Fraction of V^{5+} that reduced to V^{4+}
					E_b(eV)	Assignment	Area(%)	
R1	532.10	517.75	14.35	4.06	517.65	V^{5+}	85.44	7.41%
					516.18	V^{4+}	14.56	
U1	532.35	517.70	14.65	3.86	517.59	V^{5+}	79.11	
					516.16	V^{4+}	20.89	
R2	532.10	517.95	14.15	4.20	517.70	V^{5+}	83.96	
					516.25	V^{4+}	16.04	
U2	532.15	517.70	14.45	3.99	517.63	V^{5+}	79.00	5.91%
					516.27	V^{4+}	21.00	

De acordo com os resultados discutidos nas Secções 4.1 e 4.2, foram obtidos comportamentos catalíticos muito diferentes nos catalisadores mistos HZSM-5 e 15VAl com diferentes modos de distribuição num reator de leito fixo. Supôs-se que a introdução do 15VAl teve um impacto nas vias de reação. A molécula de n-heptano preferiu ser activada pelo oxigénio da rede para formar um intermediário antes de continuar a craquear em locais ácidos no catalisador HZSM-5. No entanto, o julgamento do intermediário formado no 15VAl era um problema exasperante, pelas seguintes razões: o intermediário geralmente sobrevivia pouco tempo e a sua concentração era baixa; além disso, geralmente não era um composto com estrutura e propriedades normais. A partir das caraterísticas da distribuição do produto, a olefina foi excluída preliminarmente como intermediário. Os nossos estudos anteriores demonstraram que os rendimentos dos aromáticos e do coque não eram superiores a 4% e 0,5%, respetivamente, para o craqueamento catalítico do 1-hepteno nas mesmas condições. Por conseguinte, concluiu-se que a olefina não deve ser o intermediário ativo formado no 15VAl. No nosso estudo, inferiu-se que alguma espécie contendo oxigénio era o intermediário da reação, pelas seguintes razões. Os compostos contendo oxigénio, tais como o aldeído e o éster, decompõem-se facilmente sobre o catalisador HZSM-5, mesmo em condições moderadas, e produzem rendimentos consideráveis de olefinas leves e aromáticos. [194-196] Além disso, a distribuição de produtos do craqueamento de compostos de ésteres sobre o catalisador HZSM-5 foi semelhante à do craqueamento de n-heptano com introdução de 15VAl: alto rendimento aromático e de coque (>3%), H_2O e CO formados como principais produtos de oxidação. [197] Estes resultados sugerem que algumas espécies oxigenadas, com estrutura e propriedades semelhantes a compostos contendo oxigénio, podem atuar como intermediários na reação como resultado da ativação do 15VAl.

No que diz respeito às influências da introdução de 15VAl no craqueamento catalítico do n-heptano, foram também observados comportamentos muito diferentes para a reação por impulsos no reator de leito fixo operado com um tempo de contacto, uma temperatura de reação e uma relação catalisador/alimentação semelhantes aos da unidade CFB. Em comparação com o reator de leito fixo, verificou-se uma menor ocorrência de reacções de transferência de hidrogénio e uma maior conversão na unidade CFB com o catalisador HZSM-5, devido a uma menor desativação[198]. Quanto às influências da introdução de 15VAl, existem algumas semelhanças nos dois reactores diferentes: maior nível de conversão de n-heptano, formação intensificada de hidrogénio e aromáticos, maior teor de iso-butileno na mistura de butilenos e relação (propileno+butileno)/etileno. No entanto, também se registaram algumas diferenças distintas. O mais importante é que a melhoria da conversão de n-heptano foi muito mais proeminente na unidade CFB (a conversão quase duplicou). De acordo com os resultados da nossa estimativa do balanço de oxigénio, para além do oxigénio da rede libertado pelo 15VAl, algumas espécies de oxigénio adsorvidas, formadas durante a regeneração em atmosfera de oxigénio, podem também estar envolvidas durante a reação. As espécies de oxigénio adsorvidas possuem normalmente uma atividade mais elevada. No entanto, supõe-se que as espécies de oxigénio da rede sejam uma e a única espécie de oxigénio envolvida na reação no reator de leito fixo. A estimativa do balanço de oxigénio dificilmente pode ser alcançada, devido à dificuldade em determinar a quantidade de água. Antes de cada injeção, o catalisador foi purgado com azoto à temperatura de reação no reator de leito fixo. As espécies de oxigénio adsorvidas devem ser removidas nestas condições. Assim, a participação das espécies de oxigénio adsorvidas foi considerada como um fator importante para o maior aumento da conversão na unidade CFB. As interações entre as moléculas de hidrocarbonetos e o catalisador também diferiram nos dois reactores, o que também deve ser um fator importante. A introdução de 15VAl melhorou a seletividade dos produtos no reator de leito fixo . Diminuiu a seletividade para o gás seco e melhorou a seletividade para o GPL. A seletividade para o propileno e o butileno também melhorou significativamente sob a influência do 15VA1 no reator de leito fixo. Estes resultados não estavam de acordo com os da unidade CFB. Além disso, a formação de aromáticos e de coque não foi significativa no reator de leito fixo, em comparação com a unidade CFB. Apesar de terem sido adoptadas condições de reação semelhantes, a atmosfera de reação continua a ser diferente nos dois reactores, incluindo uma distribuição diferente do catalisador e dos hidrocarbonetos no interior do reator, bem como uma interação diferente entre o catalisador e o reagente. O reator de leito fixo proporcionou um ambiente para um melhor contacto entre o fluxo de reagente e o catalisador, e uma transferência mais conveniente de um local ativo para outro local. Foi benéfico para a supressão de reacções secundárias, melhorando assim a seletividade para o produto desejado. No entanto, a atividade diminuía facilmente no reator de leito fixo se a reação contínua fosse realizada na ausência de moléculas de oxigénio, e a regeneração era inconveniente em comparação com a unidade CFB.

Capítulo 5

Conclusões

O catalisador ZSM-5 foi selecionado como catalisador ativo para estudos sobre o comportamento do craqueamento de parafinas utilizando o n-heptano como composto modelo, devido ao seu bem conhecido desempenho extraordinário em termos de elevada seletividade para olefinas leves. Com base nos resultados, foi proposta a introdução de V_2O_5/Al_2O_3 como fornecedor de oxigénio na rede do sistema reacional, de modo a melhorar a reatividade do n-heptano sem comprometer a seletividade das olefinas leves. As principais conclusões são as seguintes:

1. A via de craqueamento protolítico, que é iniciada pela formação de iões de carbono penta-coordenados, desempenhou um papel importante no processo de craqueamento do n-heptano, uma vez que se formou uma quantidade considerável de produtos caraterísticos, tais como hidrogénio, metano e pequenos alcanos. Também resultou numa razão molar C_3/C_4 mais elevada, com um valor superior a 1, em comparação com o craqueamento do 1-hepteno. Com o catalisador ZSM-5 fresco, o craqueamento do n-heptano deu origem a uma conversão elevada e a um produto com mais gás seco e menos gás liquefeito (LPG) com baixo teor de olefinas, e um produto líquido rico em aromáticos, devido à intensificação da reação de transferência de hidrogénio em resultado da

elevada densidade ácida sobre a superfície do catalisador. No entanto, foi obtida uma melhoria significativa da seletividade das olefinas leves e do teor de olefinas no GPL, com uma diminuição drástica da conversão, com o catalisador de equilíbrio ZSM-5 ou com o catalisador ZSM-5 tratado hidrotermicamente .

2. A introdução de V_2O_5/Al_2O_3 pode promover efetivamente a conversão de n-heptano sobre o catalisador de equilíbrio ZSM-5. A conversão e o rendimento do propileno e dos butilenos aumentaram de 31,11% para 40,68%, e de 10,10% e 5,82% para 14,19% e 10,06%, respetivamente, após a introdução de V_2O_5/Al_2O_3 num reator de leito fixo que foi operado a uma temperatura de 570°C num modo de reação por impulsos sem a presença de gás oxigénio.

3. O efeito de promoção na conversão do n-heptano foi mais pronunciado quando realizado na unidade de leito fluidizado circulante, o que deve estar relacionado com o rápido suplemento de oxigénio da rede ativa e com a participação de espécies de oxigénio adsorventes de superfície. Uma quantidade significativa de coque foi formada com a introdução de V_2O_5/Al_2O_3 como resultado da formação de algumas espécies fortemente adsorvidas, que poderiam ser amplamente reduzidas pelo vapor. A conversão e o rendimento do propileno e dos butilenos aumentaram de 40,64% para 76,18%, e de 9,46% e 7,91% para 14,52% e 11,39%,

respetivamente, com a presença de V_2O_5/Al_2O_3 na unidade CFB, que foi operada a uma temperatura de 570ºC e tempo de residência de 12s. Após a introdução de vapor de água, o rendimento do propileno pode ser melhorado para 17,74%.

4. Formaram-se produtos de oxidação como o CO e o H_2O, acompanhados pelo consumo de oxigénio da rede após a introdução do catalisador V2O5/Al2O3. Concluiu-se que o oxigénio da rede nas unidades VO_x era a espécie ativa e que o seu comportamento de participação estava diretamente relacionado com o efeito provocado pelo V2O5/Al2O3 no sistema de reação. No sistema de catalisadores mistos, o catalisador ZSM-5 actuou como principal catalisador ativo do craqueamento do n-heptano, e o V2O5/Al2O3 forneceu espécies de oxigénio da rede, que interagiram preferencialmente com o n-heptano para formar uma espécie intermédia activada, seguida de transferência para locais ácidos no catalisador ZSM-5 para posterior craqueamento.
5. Com o aumento da carga de vanádio em V_2O_5/Al_2O_3, a conversão de n-heptano e o rendimento de propileno e butilenos mostraram uma tendência de aumento, primeiro seguido de diminuição após a introdução de V_2O_5/Al_2O_3. O valor máximo correspondeu ao estado de cobertura de monocamada da unidade de vanádio, que fornece o oxigénio de rede de superfície mais disponível.

Referências

[1] P M. Parker. The World Market for Liquefied Ethylene, Propylene, Butylene, and Butadiene: Perspetiva do Comércio Global 2011. Fonte: Global Trade Perspectives. 1/ 2/2010.

[2] X. Wang, C. Xie, Z. Li, G. Zhu. Processos catalíticos para a produção de olefinas leves. Avanços práticos no processamento de petróleo. 2007:149-168.

[3] T. Ren, M. Patel, K. Blok. Olefins from conventional and heavy feedstocks: energy use in steam cracking and alternative processes. Energy, 2006, 31:425-451.

[4] S. M. Sadrameli. Craqueamento térmico/catalítico de hidrocarbonetos para a produção de olefinas: Uma revisão do estado da arte I: Revisão do craqueamento térmico. Fuel, 2015, 140: 102-115.

[5] Y. Yoshimura, N. Kijima, T. Hayakawa, K. Murataa, K. Suzuki, F. Mizukami, K. Matano, T. Konishi, T. Oikawa, M. Saito, T. Shiojima, K. Shiozawa, K. Wakui, G. Sawada, K. Sato, S. Matsuo, N. Yamaoka. Catal. Surv. Jpn., 2000, 4: 157-167.

[6] S. M. Sadrameli. Cracking térmico/catalítico de hidrocarbonetos líquidos para a produção de olefinas: A state-of-the-art review II: Catalytic cracking review. Fuel, 2016, 173: 285-297.

[7] M. Picciotti. Novel ethylene technology developing, but steam cracking remains king. Oil Gas J., 1997, 95: 53-58.

[8] Processo de craqueamento da nafta: mais propileno com menos energia. Chem. Eng., 2000, 107: 17.

[9] Nova tecnologia. A LG desenvolve um processo de cracking catalítico da nafta. Focus on Catalysts, 2002,7: 5.

[10] O processo catalítico de oefinas alarga a gama de matérias-primas. European Chemical News, 1996, 65: 24.

[11] S. M. Jeong, J. H. Chae, W. H. Lee. Estudo sobre a pirólise catalítica da nafta sobre um catalisador KVO_3/a-Al_2O_3 para a produção de olefinas leves. Ind. Eng. Chem. Res., 2001, 40: 6081-6086.

[12] S. M. Jeong, J. H. Chae, J. H. Kang, S. H. Lee, W. H. Lee. A pirólise catalítica da nafta no catalisador à base de KVO_3. Catal. Today, 2002, 74: 257-264.

[13] W. H. Lee, S. M. Jeong, J. H. Chae, J. H. Kang, W. J. Lee. Formação de coque nos catalisadores KVO_3-B_2O_3/SA5203 na pirólise catalítica da nafta. Ind. Eng. Chem. Res., 2004, 43: 1820-1826.

[14] K. K. Pant, D. Kunzru. Catalytic pyrolysis of n-heptane: kinetics and modeling. Ind. Eng. Chem. Res., 1997, 36: 2059-2065.

[15] A. A. Lemonidou, I. A. Vasalos. Preparação e avaliação de catalisadores para a produção de etileno por steam cracking: efeito das condições de funcionamento no desempenho dos catalisadores 12CaO-7Al_2O3. Appl. Catal., 1989, 54: 119-138.

[16] P Pollesel, C. Rizzo, C. Perego, R. Paludetto, G. D. Piero. Catalisador para reacções de steam cracking e respetivo processo de preparação. Patente dos EUA: 6696614B2, 2004.

[17] M. Golombok, M. Kornegoor, P van den Brink, J. Dierickx, R. Grotenbreg. Surface-enhanced light olefin yields during steam cracking. Ind. Eng. Chem. Res., 2000, 39: 285-291.

[18] J. Towfighi, H. Zimmermann, R. Karimzadeh, M. M. Akbarnejad. Steam cracking of naphtha in packed bed reactors. Ind. Eng. Chem. Res., 2002, 41: 1419-1424.

[19] A. Hayim, F. A. Suheil, R. L. Patton. Processo e cracking catalítico de nafta. Patente dos EUA: 6867341B1, 2005.

[20] S. Y Han, C. W. Lee, J. R. Kim, N. S. Han, W. C. Choi, C. H. Shin, Y K. Park. Formação selectiva de olefinas leves pelo cracking de nafta pesada sobre catalisadores ácidos. Stud. Surf. Sci. Catal., 2004, 153: 157-160.

[21] N. Rahimi, R. Karimzadeh Cracking catalítico de hidrocarbonetos sobre zeólitos ZSM-5 modificados para produzir olefinas leves: uma revisão. Appl. Catal. A, 2011, 398:1-17.

[22] J. S. Buchanan. The chemistry of olefins production by ZSM-5 addition to catalytic cracking units. Catal. Today, 2000, 55:207-212.

[23] Y. Wei, Z. Liu, G. Wang, Y Qi, L. Xu, P Xie, Y He. Produção de olefinas leves e hidrocarbonetos aromáticos através do cracking catalítico de nafta a uma temperatura reduzida. Stud. Surf. Sci. Catal., 2005, 158: 1223-1230.

[24] N. Xue, N. Liu, L. Nie, Y Yu, M. Gu, L. Peng, X. Guo, W. Ding. 1-Butene cracking to propene over P/HZSM-5: effect of lanthanum. J. Mole. Catal. A, 2010, 327: 12-19.

[25] Z. Shi. Catalisador de cracking para a produção de olefinas leves. Patente dos EUA: 5380690, 1995.

[26] Z. Li. Processo de produção de olefinas leves por conversão catalítica de hidrocarbonetos. Patente dos EUA: 5670037, 1997.

[27] Y. N. Wang, X. W. Guo, C. Zhang, F. Song, X. Wang, H. Liu, X. Xu, C. Song, W. Zhang, X. Liu, X. Han, X. Bao. Influência da temperatura de calcinação na estabilidade do HZSM-5 nanosizado fluorado na metilação do bifenil. Catal. Lett., 2006, 107: 209-214.

[28] X. Feng, G. Jiang, Z. Zhao, L. Wang, X. Li, A. Duan, J. Liu, C. Xu, J. Gao. Catalisadores HZSM-5 modificados com F altamente eficazes para o craqueamento da nafta para produzir olefinas leves. Energy Fuels, 2010, 24: 4111-4115.

[29] Mao R. L. V., T. S. Le, M. Fairbairn, A. Muntasar, S. Xiao, G. Denes. ZSM-5 zolite com propriedades ácidas melhoradas. Appl. Catal. A, 1999, 185: 41-52.

[30] X. Wang, Z. Zhao, C. Xu, A. Duan, L. Zhang, G. Jiang. Efeitos das terras raras leves na acidez e no desempenho catalítico do zeólito HZSM-5 para o craqueamento catalítico do butano em olefinas leves. J. Rare Earths, 2007, 25: 321-328.

[31] R. W. Hartford, M. Kojima, C. T. O'Connor. Troca de iões de lantânio em HZSM-5. Ind. Eng. Chem. Res., 1989, 28: 1748-1752.

[32] K. Wakui, K. Satoh, G. Sawada, K. Shiozawa, K. Matano, K. Suzuki, T. Hayakawa, Y Yoshimura, K. Murata, F Mizukami. Desidrogenative cracking of n-butane using double-stage reaction. Appl. Catal., A, 2002, 230, 195-202.

[33] K. Wakui, K. Satoh, G. Sawada, K. Shiozawa, K. Matano, K. Suzuki, T. Hayakawa, Y Yoshimura, K. Murata, F. Mizukami. Desidrogenative cracking of n-butane over modified HZSM-5 catalysts. Catal. Lett., 2002, 81: 83-88.

[34] J. Lu, Z. Zhao, C. Xu, P Zhang, A. Duan, FeHZSM-5 molecular sieves-Highly active catalysts for catalytic cracking of isobutane to produce ethylene and propylene. Catal. Commun., 2006, 7: 199-203.

[35] J. Lu, Z. Zhao, C. Xu, A. Duan, P. Zhang. CrHZSM-5 zeolites-Catalisadores altamente eficientes para o craqueamento catalítico do isobutano para produzir olefinas leves. Catal. Lett., 2006, 109: 65-70.

[36] J. S. Jung, J. W. Park, G. Seo. Craqueamento catalítico de n-octano sobre zeólitos MFI tratados com álcalis. Appl. Catal., A, 2005, 288:149-157.

[37] Y. Li, D. Liu, S. Liu, W. Wang, S. Xie, X. Zhu, L. Xu. Estabilidades térmica e hidrotérmica dos zeólitos HZSM-5 tratados com álcalis. J. Nat. Gas Chem., 2008, 17: 69-74.

[38] R. Khoshbin, R. Karimzadeh. Síntese de ZSM-5 mesoporoso a partir de cinzas de casca de arroz com método de tratamento alcalino assistido por ultra-sons utilizado no craqueamento catalítico de nafta leve. Adv. Powder Tech., 2017, 28: 1888-1897.

[39] R. L. V. Mao, A.-Y. N., D. T. T. Nguyen. Evidência experimental para o continuum de poros em catalisadores híbridos utilizados no cracking catalítico profundo seletivo de n-hexano e naftas de petróleo. Micro. Meso. Mater., 2005, 85: 176-182.

[40] J. S. Jung, T. J. Kim, G. Seo. Catalytic cracking of n-octane over zeolites with different pore structures and acidities. Korean J. Chem. Eng., 2004, 21: 777-781.

[41] A. Corma, J. Planelles, J. Sanchez-Marin, F. Tomas. O papel de diferentes tipos de sítio ácido no craqueamento de alcanos em catalisadores de zeólito. J. Catal., 1985, 93:30-37.

[42] J. Teng, G. Zhao, Z. Xie, Q. Chen. Effect of ZSM-5 zeolite crystal size on propylene production from catalytic cracking of C4 olefins. Chin. J. Catal., 2004, 25:602-606.

[43] Y Ji, H. Wang, Y Man, Y Si. Efeito do tamanho do cristal do zeólito ZSM-5 no craqueamento catalítico da nafta. Petro. Tech., 2010, 39: 844-848.

[44] L. Zhang, Z. Li, Y Xu. Diferenças de reacções de craqueamento sobre catalisadores de zeólito ZSM-5 com diferentes tamanhos de cristal. Petro. Proc. Petrochem, 1995, 25: 38-43.

[45] C. Herrmann, J. Haas, F. Fetting. Effect of the crystal size on the activity of ZSM-5 catalysts in various reactions. Appl. Catal., 1987, 35: 299-310.

[46] C. L. Thomas. Química dos catalisadores de cracking. Ind. Eng. Chem., 1949, 41: 2564-2573.

[47] B. S. Greensfelder, H. H. Voge, G. M. Good. Cracking catalítico e térmico de hidrocarbonetos puros. Ind. Eng. Chem., 1949, 41: 2573-2584.

[48] Y. V. Kissin. Mecanismos químicos do cracking catalítico sobre catalisadores ácidos sólidos: alcanos e alcenos. Catal. Rev., 2001, 43, 85-146.

[49] K. Hiraoka, P. Kebarle. Estabilidades e energia de iões de carbono pentacoordenados. J. Am. Chem. Soc., 1976, 98: 6119-6125.

[50] A. F H. Wielers, M. Vaarkamp, M. F M. Post. Relação entre as propriedades e o desempenho do zeólito no craqueamento da parafina. J. Catal., 1991, 127: 51-66.

[51] G. A. Olah, J. Lukas. Iões de carbono estáveis. XXXIX.[1] Formação de iões alquilcarbono através da abstração de iões hidreto de alcanos em soluções de ácido influorosulfónico e pentafluoreto de antimónio. Isolamento de alguns sais cristalinos de iões alquilcarbono. J. Am. Chem. Soc., 1967, 89: 2227-2228.

[52] G. A. Olah, M. B. Comisarow, E. Namanworth, Brian G. Ramsey. Iões de carbono estáveis. XXXI. Formação de iões p-Anisónio e metilfenónio através da participação de aril em solução de ácido forte. J. Am. Chem. Soc., 1967, 89: 5259-5265.

[53] G. A. Olah, G. Klopman, R. H. Schlosberg. Superácidos. III. Protonação de alcanos e intermediação de iões alcanónio, catiões de carbono pentacoordenados do tipo CH_5^+. Troca de hidrogénio, clivagem protolítica, abstração de hidrogénio; policondensação de metano, etano, 2,2-dimetilpropano e 2,2,3,3-tetrametilbutano em FSO_3H-SbF_5. J. Am. Chem. Soc., 1969, 91: 3261-3267.

[54] A. Brenner, P H. Emmett. Dehydrogenation-the first step in the cracking of isopentane over silica-alumina cracking catalysts. J. Catal., 1982, 75: 410-415.

[55] W. O. Haag, R. M. Dessau, 8th International Congress on Catalysis, Berlim, 2-6 julho de 1984, 1984, pp. 305-316.

[56] G. B. McVicker, G. M. Kramer, J. J. Ziemiak. Conversão de isobutano em ácidos sólidos - Uma reação de sonda mecanicista sensível. J. Catal., 1983, 83: 286-300.

[57] Y. W. Bizreh, B. C. Gates. Craqueamento de butano catalisado pelo zeólito H-ZSM-5. J. Catal., 1984, 88: 240-243.

[58] J. Datka, M. Boczar, P. Rymarowicz. Heterogeneidade dos grupos OH no zeólito NaH-ZSM-5 estudada por espetroscopia de infravermelhos. J. Catal., 1988, 114: 368-376.

[59] T. F. Narbeshuber, H. Vinek, J. A. Lercher. Conversão monomolecular de alcanos leves em H-ZSM-5. J. Catal., 1995,157: 388-395.

[60] J. A Lercher, R. A. V. Santen, H. Vinek. Formação de iões de carbono na catálise de zeólitos. Catal. Lett., 1994, 27: 91-96.

[61] H. Krannila, W. O. Haag, B. C. Gates. Monomolecular and bimolecular mechanisms of paraffin cracking: n-butane cracking catalyzed by HZSM-5. J. Catal., 1992, 135: 115-124.

[62] J. Bandiera, Y B. Taarit. Catalytic investigation of the dehydrogenation properties of pentasil type zeolites as compared with their cracking properties. Appl. Catal., 1990, 62: 309-316.

[63] B. S. Kwak, W. M. H. Sachtler. Effect of Ga/Proton balance in Ga/HZSM-5 catalysts on C_3 conversion to aromatics. J. Catal., 1994, 145: 456-463.

[64] T. K. Cheung, F. C. Lange, B. C. Gates. Conversão de propano catalisada por zircónia sulfatada, zircónia sulfatada promovida por ferro e manganês e zeólito USY. J. Catal., 1996, 159: 99-106.

[65] C. Stefanadis, B. C. Gates, W. O. Haag. Rates of isobutane cracking catalysed by HZSM-5: the carbonium ion route. J. Mole. Catal., 1991, 67: 363-367.

[66] S. R. Blaszkowski, M. A. C. Nascimento, R. A. V. Santen. Ativação de ligações C-H e C-C por uma zeólita ácida: um estudo de funcional de densidade. J. Phys. Chem., 1996, 100: 3463-3472.

[67] E. A.Lombardoa, R. Plerantozzi, W. K. Hall. O mecanismo de craqueamento do neopentano sobre ácidos sólidos. J. Catal., 1988, 110: 171-183.

[68] A. Corma, P. J. Miguel, A. V. Orchilles. The role of reaction temperature and cracking catalyst characteristics in determining the relative rates of protolytic cracking, chain propagation, and hydrogen transfer. J. Catal., 1994, 145: 171-180.

[69] P V. Shertukde, G. Marcelin, G. A. Sill, W. K. Hall. Study of the mechanism of the cracking of small alkane molecules on HY zeolites. J. Catal., 1992, 136: 446-462.

[70] J. Engelhardt, W. K. Hall. Contribution to the understanding of the reaction chemistry of isobutane and neopentane over acid catalysts, I. J. Catal., 1990, 125: 472-487.

[71] L. Riekert, J. Q. Zhou. Cinética de craqueamento de n-decano e n-hexano em zeoiites H-ZSM-5 e HY na faixa de temperatura de 500 a 780 K. J. Catal., 1992, 137: 437-452.

[72] D. B. Lukyanov, V. I. Shtral, S. N. Khadzhiev. Um modelo cinético para a reação de craqueamento do hexano sobre H-ZSM-5. J. Catal., 1994, 146: 87-92.

[73] C. Mirodatos, D. Barthomeuf. Cracking of n-decane on zeolite catalysts: enhancement of light hydrocarbon formation by the zeolite field gradient. J. Catal., 1988, 114: 121-135.

[74] L. Yan, J. Fu, M. He. Estudos sobre o mecanismo de reação do craqueamento do n-hexano sobre zeólitos. I Comprimento da cadeia de reação de craqueamento do n-hexano. Ata Petrol. Sin. (Secção de Processos de Pet.), 2000, 16: 15-25.

[75] B. Vora. Desenvolvimento de catalisadores e processos de desidrogenação. Top. Catal., 2012, 55: 1297-1308.

[76] I. B. Yarusov, E. V. Zatolokina, N. V. Shitova, A. S. Belyi, N. M. Ostrovskii. Desidrogenação do propano sobre catalisadores de Pt-Sn. Catal. Today, 1992, 13: 655-658.

[77] M. V. S. Annaland, J. A. M. Kuipers, W. P. M. V. Swaaij. A kinetic rate expression for the time-dependent coke formation rate during propane dehydrogenation over a platinum alumina monolithic catalyst. Catal. Today, 21, 66: 427-436.

[78] Q. Li, Z. J. Sui, X. G. Zhou, Y A. Zhu, J. H. Zhou, D. Chen. Formação de coque no catalisador Pt-Sn/ Al_2O_3 na desidrogenação do propano: caraterização do coque e cinética Estudar. Top. Catal., 2011, 54: 888-896.

[79] R. Grabowski. Cinética da desidrogenação oxidativa de alcanos C2-C3 em catalisadores de óxido. Catal. Rev., 2006, 48: 199-268.

[80] H. Yamamoto, H. Y Chu, M. T. Xu, C. L. Shi, J. H. Lunsford. Oxidative coupling of methane over a Li^+ /MgO catalyst using N_2O as an oxidant. J. Catal., 1993, 142: 325-336.

[81] J. H. Lunsford, P. G. Hinson, M. P. Rosynek, C. L. Shi, M. T. Xu, X. M. Yang. O efeito dos iões cloreto num catalisador Li^+ -MgO para o acoplamento oxidativo do metano. J. Catal., 1994, 147: 301-310.

[82] P G. Smirniotis, W. Zhang. Study of the oxidative methylation of acetonitrile to acrylonitrile with CH_4 over Li/MgO Catalysts. Appl. Catal., A, 1999, 176: 63-73.

[83] C. L. Bothe-Almquist, R. P Ettireddy, A. Bobst, P. G. Smirniotis. An XRD, XPS e EPR study of Li/MgO catalysts: case of the oxidative methylation of acetonitrile to acrylonitrile with CH_4. J. Catal., 2000, 192: 174-184.

[84] H. M. Swaan, A. Toebes, K. Seshan, J. G. van Ommen, J. R. H. Ross. The kinetic and mechanistic aspects of the oxidative dehydrogenation of ethane over Li/Na/MgO catalysts. Catal. Today, 1992, 13: 201-208.

[85] C. Trionfetti, I. V. Babich, K. Seshan, L. Lefferts. Formação de um catalisador eficiente de Li/MgO de elevada área superficial para a desidrogenação/cracking oxidativo do propano. Appl. Catal., A, 2006, 310: 105-113.

[86] I. Balint, K. Aika. Interação da água com 1% de Li/MgO: Condutividade Dc do catalisador Li/MgO para ativação selectiva do metano. J. Chem. Soc., Faraday T., 1995, 91: 1805-1811.

[87] T. Ito, J. Wang, C. H. Lin, J. H. Lunsford. Dimerização oxidativa de metano sobre um catalisador de óxido de magnésio promovido por lítio. J. Am. Chem. Soc., 1985, 107: 5062-5068.

[88] C. Shi, M. Hatano, J. H. Lunsford. Um modelo cinético para o acoplamento oxidativo de metano sobre catalisadores Li^{+} /MgO. Catal. Today, 1992, 13: 191-199.

[89] M. V. Landau, M. L. Kaliya, A. Gutman, L. O. Kogan, M. Herskowitz, P. F. van den Oosterkamp. Conversão oxidativa de GPL em olefinas com catalisadores de óxidos mistos: Química da superfície e rede de reacções. Stud. Surf. Sci. Catal., 1997, 110: 315-326.

[90] D. J. Wang, M. P. Rosynek, J. H. Lunsford. The effect of chloride ions on a Li^{+} - MgO catalyst for the oxidative dehydrogenation of ethane. J. Catal., 1995, 151: 155-167.

[91] S. Fuchs, L. Leveles, K. Seshan, L. Lefferts, A. Lemonidou, J. A. Lercher. Oxidative dehydrogenation and cracking of ethane and propane over LiDyMg mixed oxides. Top. Catalysis, 2001, 15: 169-174.

[92] L. Leveles, S. Fuchs, K. Seshan, J. A. Lercher, L. Lefferts. Oxidative conversion of light alkanes to olefins over alkali promoted oxide catalysts. Appl. Catal., A, 2002, 227: 287-297.

[93] S. J. Conway, D. J. Wang, J. H. Lunsford. Oxidação selectiva de metano e etano sobre catalisadores Li^{+} -MgO-Cl^{-} promovidos com óxidos metálicos. Appl. Catal., 1991, 79: L1-L5.

[94] S. Gaab, M. Machli, J. Find, R. K. Grasselli, J. A. Lercher. Desidrogenação oxidativa do etano sobre novos óxidos mistos Li/Dy/Mg: estudo da estrutura-atividade. Top. Catal., 2003, 23: 151-158.

[95] M. D. Argyle, K. Chen, A. T. Bell, E. Iglesia. Effect of catalyst structure on oxidative dehydrogenation of ethane and propane on alumina-supported vanadia. J. Catal., 2002, 208: 139-149.

[96] H. H. Kung. Desidrogenação oxidativa de alcanos leves (C_2 a C_4). Adv. Catal., 1994, 40: 1-38.

[97] R. M. Contractor. Oxidação catalítica melhorada em fase de vapor de butano a anidrido maleico. Patente dos EUA: 4668802, 1987.

[98] M. Abon, J. C., Volta. Óxidos de fósforo de vanádio para a oxidação de n-butano em anidrido maleico. Appl. Catal., A, 1997, 157: 173-193.

[99] G. Centi, S. Perathoner, F. Trifirb. Catalisadores de óxido de V-Sb para a ammoxidação de propano. Appl. Catal., A, 1997, 157: 143-172.

[100] T. Shishido, T. Konishi, I. Matsuura, Y Wang, K. Takaki, K. Takehira. Oxidação e ammoxidação de propano sobre catalisadores de óxidos mistos Mo-V-Sb. Catal. Today, 2001, 71: 77-82.

[101] G. V. Isaguliants, I. P. Belomestnykh. Oxidação selectiva de metanol em formaldeído sobre catalisadores V-Mg-O. Catalysis Today, 2005, 100: 441-445.

[102] J. Haber. Cinquenta anos de romance com os catalisadores de óxido de vanádio. Catal. Today, 2009, 142: 100-113.

[103] M. A. Chaar, D. Patel, M. C. Kung, H. H. Kung. Desidrogenação oxidativa selectiva do butano sobre catalisadores V-Mg-O. J. Catal., 1987, 105: 483-498.

[104] J. Hanuza, B.Jezowska-Trzebiatowska, W.Oganowski. Estrutura da camada ativa e mecanismo catalítico dos catalisadores V_2O_5/MgO na desidrogenação oxidativa do etilbenzeno em estireno. J. Mole. Catal., 1985, 29: 109-143.

[105] M. J. Holgado, S. S. Roman, P. Malet, V. Rives. Efeito do método de preparação nas propriedades físico-químicas dos óxidos mistos de magnésio-vanádio. Mater. Chem. Phy., 2005, 89: 49-55.

[106] D. S. H. Sam, V. Soenen, J. C. Volta. Desidrogenação oxidativa do propano sobre catalisadores V-Mg-O. J. Catal., 1990, 123: 417-435.

[107] A. Corma, J. M. L. Nieto, N. Paredes. Influência dos métodos de preparação dos catalisadores V-Mg-O nas suas propriedades catalíticas para a desidrogenação oxidativa do propano. J. Catal., 1993, 144: 425-438.

[108] X.T. Gao, P. Ruiz, Q. Xin, X. X. Guo, B. Delmon. Effect of coexistence of magnesium vanadate phases in the selective oxidation of propane to propene. J. Catal., 1994, 148: 56-67.

[109] H. H. Kung, M. C. Kung. Desidrogenação oxidativa de alcanos sobre óxidos de vanádio-magnésio. Appl. Catal., A, 1997, 157: 105-116.

[110] M. C. Kung, H. H. Kung. O efeito do potássio na preparação do ortovanadato de magnésio e do pirovanadato na desidrogenação oxidativa do propano e do butano. J. Catal., 1992, 134: 668-677.

[111] W. D. Harding, H. H. Kung, K. R. Poeppelmeir, V. L. Kozhevnikov. Estudos de equilíbrio de fases e de oxidação de butano do sistema $MgO-V_2O_5-MoO_3$. J. Catal., 1993, 144: 597-610.

[112] A. Dejoz, J. M. L. Nieto, F. Marquez, M. I. Vazquez. O papel do molibdénio nos catalisadores V-Mg-O dopados com Mo durante a desidrogenação oxidativa do n -butano. Appl. Catal., A, 1999, 180: 83-94.

[113] A. Klisinska, K. Samson, I. Gressel, B. Grzybowska. Efeito dos aditivos nas propriedades dos catalisadores V_2O_5/SiO_2 e V_2O_5/MgO: I. Desidrogenação oxidativa de propano e etano. Appl. Catal., A, 2006, 309: 10-16.

[114] D. L. Stern, J. N. Michaels, L. Decaul, R. K. Grasselli. Oxydehydrogenation of n-butane over promoted Mg-V-Oxide based catalysts. Appl. Catal., A, 1997, 153: 21-30.

[115] T. Blasco, J. M. L. Nieto. Desidrogenação oxidativa de alcanos de cadeia curta em catalisadores de óxido de vanádio suportados. Appl. Catal., A, 1997,157:117-142.

[116] I. E. Wachs, B. M. Weckhuysen. Estrutura e reatividade de espécies superficiais de óxido de vanádio em suportes de óxido. Appl. Catal., A, 1997, 157: 67-90.

[117] M. Machli, E. Heracleous, A. A. Lemonidou. Effect of Mg addition on the catalytic performance of V-based catalysts in oxidative dehydrogenation of propane. Appl. Catal., A, 2002, 236: 23-24.

[118] P. Concepcion, A. Galli, J. M. L. Nieto, A. Dejoz, M. I. Vazquez. Sobre a influência do carácter ácido-base dos catalisadores na desidrogenação oxidativa de alcanos. Top. Catal., 1996, 3: 451-460.

[119] A. A. Lemonidou, L. Nalbandian, I. A. Vasalos. Desidrogenação oxidativa do propano sobre catalisadores à base de óxido de vanádio: efeito do suporte e do promotor alcalino. Catal. Today, 2000, 61: 333-341.

[120] F. Arena, F. Frusteri, A. Parmaliana. Como os transportadores de óxido afectam a reatividade dos catalisadores V_2O_5 na desidrogenação oxidativa do propano. Catal. Lett., 1999, 60: 59-63.

[121] I. E. Wachs. Estudos Raman e IR de espécies superficiais de óxidos metálicos em suportes de óxidos: catalisadores de óxidos metálicos suportados. Catal. Today, 1996, 27: 437-455.

[122] N. Das, H. Eckert, H. Hu, I. E. Wachs, J. F. Walzer, F J. Feher. Bonding states of surface vanadium(V) oxide phases on silica: structural characterization by vanadium-51 NMR and Raman spectroscopy. J. Phy. Chem., 1993, 97: 8240-8243.

[123] G. T. Went, S. T. Oyama, A. T. Bell. Laser Raman spectroscopy of supported vanadium oxide catalysts (Espectroscopia Raman a laser de catalisadores de óxido de vanádio suportados). J. Phy. Chem., 1990, 94: 4240-4246.

[124] L. R. L. Costumer, B. Taouk, M. L. Meur, J. Grimblot. Characterization by Vanadium-51 Solid-State NMR, Laser Raman, and X-Ray Photoelectron Spectroscopy of vanadium species deposited on gamma-Al_2O_3. J. Phy. Chem., 1988, 92: 1230-1235.

[125] M. E. Hazenkamp, G. Blasse. A luminescence spectroscopy study on supported vanadium and chromium oxide catalysts. J. Phy. Chem., 1992, 96: 3442-3446.

[126] P. Concepcion, J. M. L. Nieto, J. Porez-Pariente. Desidrogenação oxidativa do etano num catalisador de aluminofosfato de magnésio-vanádio (MgVAPO-5). Catal. Lett., 1994, 28: 9-15.

[127] T. Blasco, E. Concepcion, J. M. L. Nieto, J. Perez-Pariente. Preparação, caraterização e propriedades catalíticas do VAPO-5 para a oxidehidrogenação do propano. J. Catal., 1995, 152: 1-17.

[128] M. D. Arco, M. J. Holgado, C. Martin, V. Rives. Reatividade da vanádia com superfícies de sílica, alumina e titânia. Langmuir, 1990, 6: 801-806.

[129] O. Schwarz, B. Frank, C. Hess, R. Schomacker. Caracterização e teste catalítico de catalisadores VOx/Al_2O_3 para reactores microestruturados. Catal. Comm., 2008, 9: 229-233.

[130] R. Grabowski, J. Soczynskia, N. M. Grzesik. Cinética da desidrogenação oxidativa do propano sobre o catalisador V2O5/TiO2. Appl. Catal., A, 2003, 242: 297-309.

[131] K. Routray, K. R. S. K. Reddy, G. Deo. Desidrogenação oxidativa do propano em catalisadores V_2O_5/Al_2O_3 e V2O5/TiO2: compreensão do efeito do suporte por estimativa de parâmetros. Appl. Catal. A, 2004, 265: 103-113.

[132] M. Chen, W. Weng, H. Wan, P. Xu. Desidrogenação oxidativa do propano sobre catalisador à base de vanádio suportado: influências da acidez/basicidade e propriedade redox. Chin. J. Catal., 1998, 11: 542-546.

[133] A. Khodakov, B. Olthof, A. T. Bell, E. Iglesia. Structure and catalytic properties of supported vanadium oxides: support effects on oxidative dehydrogenation reactions. J. Catal., 1999, 181: 205-216.

[134] V Murgia, E. M. F. Torres, J. C. Gottifredi, E. L. Sham. Síntese sol-gel do catalisador V_2O_5-SiO_2 na desidrogenação oxidativa do n-butano. Appl. Catal., A, 2006, 312: 134-143.

[135] A. P. Pujol, R. X. Valenzuela, A. Fuerte, E. Wloch, A. Kubacka, Z. Olejniczak, B. Sulikowski, V C. Corberana. High performance of V-Ga-O catalysts for oxidehydrogenation of propane. Catal. Today, 2003, 78: 247-256.

[136] M. Cherian, M. S. Rao, G. Deo Óxido de nióbio como material de suporte para a desidrogenação oxidativa do propano. Catal. Today, 2003, 78: 397-409.

[137] P Concepcion, J. M. L. Nieto, J. Pdrez-Pariente. A ativação oxidativa de alcanos de cadeia curta em aluminofosfatos metálicos microporosos. Stud. Surf. Sci. Catal., 1995, 94: 681-688.

[138] H. L. Wan, X. P Zhou, W. Zheng, W. Rui, Q. L. Zi, S. C. Wei, D. Zhang, M. S. Chen, J. Z. Luo, S. Q. Zhou. Catalytic performance, structure, surface properties and active oxygen species of the fluoride-containing rare earth (alkaline earth)-based catalysts for the oxidative coupling of methane and oxidative dehydrogenation of light alkane. Catal. Today, 1999, 51: 161-175.

[139] V. C. Corberan, R. X. Valenzuela, B. Sulikowski, M. Derewinski, Z. Olejniczak, J. Krysciak. Catalisadores de zeólito promovidos por óxido de gálio para a oxi-hidrogenação do propano. Catal. Today, 1996, 32:193-204.

[140] A. Kubacka, E. Wloch, B. Sulikowski, R. X Valenzuela, V. C. Corberan. Desidrogenação oxidativa do propano em catalisadores de zeólito. Catal. Today, 2000, 61: 343-352.

[141] H. W. Zanthoff, S. A. Buchholz, A. Pantazidis, C. Mirodatos. Espécies de oxigénio selectivas e não selectivas que determinam a seletividade do produto na conversão oxidativa de propano sobre catalisadores de óxido misto de vanádio. Chem. Eng. Sci., 1999, 54: 4397-4405.

[142] S. Shen, E. Min. Oxidação selectiva de hidrocarbonetos utilizando oxigénio da rede. Prog. Chem., 1998, 10: 137-146.

[143] X. Liu, H. Xu, W. Li, Y. Chen. Craqueamento oxidativo em fase gasosa do n-hexano para produzir olefinas leves. Ata Petrol. Sin. (Petrol. Proc. Sec.), 2004, 20: 88-92.

[144] X. Liu, W. Li, H. Xu, Y. Chen. Um estudo comparativo da pirólise não-oxidativa e do craqueamento oxidativo do ciclo-hexano em alcenos leves. Fuel Proc. Tech., 2004, 86: 151-167.

[145] C. Zhang, H. Zhu, X. Liu, W. Li, H. Xu. Study on gas phase oxidative cracking of decane and hexane. J. Fuel Chem. Tech., 2006, 34: 439-443.

[146] C. Boyadjian, L. Lefferts, K. Seshan. Craqueamento oxidativo catalítico de hexano como uma rota para olefinas. Appl. Catal., A, 2010, 372: 167-174.

[147] C. Boyadjian, B. van der Veer, I. V. Babich, L. Lefferts, K. Seshan. Catalytic oxidative cracking as a route to olefins: Conversão oxidativa de hexano sobre MoO_3-Li/MgO. Catal. Today, 2010, 157: 354-350.

[148] S. Fuchs, L. Leveles, K. Seshan, L. Lefferts, A. Lemonidou, J. A. Lercher. Oxidative dehydrogenation and cracking of ethane and propane over LiDyMg mixed oxides. Top. Catal., 2001, 15:169-174.

[149] S. C. Bhumkar, L. L. Lobban. Reflectância difusa no infravermelho e estudos transitórios do acoplamento oxidativo do metano sobre o catalisador Li/MgO. Ind. Eng. Chemistry Res., 1992, 31:1856-1864.

[150] M. Xu, C. Shi, X. Yang, M. P Rosynek, J. H. Lunsford. Effect of carbon dioxide on the activation energy for methyl radical generation over Li/MgO catalysts. J. Phy. Chem., 1992, 96: 6395-6398.

[151] X. Liu, W. Li, H. Zhu, H. Xu. Preparação de alcenos leves por cracking oxidativo em fase gasosa ou cracking oxidativo catalítico de hidrocarbonetos elevados. Catal. Lett., 2004, 94: 31-36.

[152] M. Huff, L. D. Schmidt. Ethylene formation by oxidative dehydrogenation of ethane over monoliths at very short contact times. J. Phy. Chem., 1993, 97: 11815-11822.

[153] R. P O'Connor, E. J. Klein, D. Henning, L. D. Schmidt. Sintonização de reactores químicos de milissegundos para a oxidação parcial catalítica do ciclo-hexano. Appl. Catal., A, 2003, 238: 29-40.

[154] A. Corma, F. V. Melo, L. Sauvanaud, F. J. Ortega. Diferentes esquemas de processo para a conversão de naftas leves de corrida direta e de craqueamento catalítico fluido numa unidade de FCC para a produção máxima de propileno. Appl. Catal., A, 2004, 265: 195-206.

[155] C. Y Li, C. H. Yang, H. H. Shan. Maximização do rendimento de propileno por craqueamento catalítico em duas fases de óleo pesado. Ind. Eng. Chem. Res., 2007, 46: 4914-4920.

[156] A. Corma, J. B. Monton, A. V. Orchilles. Influência das variáveis do processo na distribuição do produto e no decaimento do catalisador durante o craqueamento de parafinas. Appl. Catal., 1986, 23: 255-269.

[157] A. Corma, P J. Miguel, A. V. Orchilles. Influência do comprimento da cadeia de hidrocarbonetos e da estrutura do zeólito na atividade e desativação do catalisador para o cracking de n-alcanos. Appl. Catal., A, 1994, 117: 29-40.

[158] S. Jolly, J. Saussey, M. M. Bettahar, J. C. Lavalley, E. Benazzi. Mecanismos de reação e cinética no cracking do n -hexano sobre zeólitos. Appl. Catal., A, 1997, 156: 71-96.

[159] B. A. Watson, M. T. Klein, R. H. Harding. Modelagem mecanística do craqueamento de n-heptano em HZSM-5. Ind. Eng. Chem. Res., 1996, 35: 1506-1516.

[160] A. Corma, A. V. Orchillds. Perspectivas actuais sobre o mecanismo do cracking catalítico. Micro. Meso. Mater., 2000, 35-36: 21-30.

[161] A. F. H. Wielers, M. Vaarkamp, M. F. M. Post. Relação entre as propriedades e o desempenho dos zeólitos no craqueamento da parafina. J. Catal., 1991, 127: 51-66.

[162] L. Luo, R. Lv. Impacto do tratamento a vapor na acidez e na textura dos poros do HZSM-5. J. Fuel Chem.Tech., 2004, 32: 606-610.

[163] A. Corma, O. Bermudez, C. MartiNez, F. J. Ortega. Efeito de diluição da alimentação no rendimento de olefinas durante o craqueamento catalítico do gasóleo de vácuo. Appl. Catal., A, 2002, 230: 111-125.

[164] Y X. Zhao, B. W. Wojciechowski As consequências da diluição do vapor no craqueamento catalítico: I. Efeito da diluição do vapor nas taxas de reação e na energia de ativação no cracking do 2-metilpentano sobre USHY J. Catal., 1996, 163: 365-373.

[165] M. A. den Hollander, M. Wissink, M. Makkee, J. A. Moulijn. Conversão de gasolina: reatividade para cracking com catalisadores equilibrados de FCC e ZSM-5. Appl. Catal., A 2002, 223, 85-102.

[166] K. Kubo, H. lida, S. Namba, A. Igarashi. Formação selectiva de olefinas leves por craqueamento de n-heptano sobre HZSM-5 a altas temperaturas. Micro. Meso. Mater. 2012 149, 126-133.

[167] A. Yamaguchia, D. Jin, T. Ikeda, K. Sato, N. Hiyoshi, T. Hanaoka, F. Mizukami, M. Shirai. Desativação do zeólito ZSM-5 durante o cracking catalítico a vapor do n-hexano. Fuel Proc. Tech. 2014, 126, 343-349.

[168] A. Corma, J. Mengual, P. J. Migue. Estabilização de catalisadores de zeólito ZSM-5 para craqueamento catalítico a vapor de nafta para produção de propeno e etano. Appl. Catal., A, 2012, 421-422: 121-134.

[169] P. Concepcion, J. M. L. Nieto, J. Perez-Pariente. Desidrogenação oxidativa do propano em catalisadores VAPO-5, V_2O_5/ALPO$_4$-5 e V_2O_5/MgO. Natureza dos sítios selectivos. J. Mole. Catal. A, 1995, 97:173-182.

[170] E. V. Kondratenko, A. Bruckner. Sobre a natureza e a reatividade das espécies activas de oxigénio formadas a partir de O_2 e N_2O em VO_x/MCM-41 utilizadas para a desidrogenação oxidativa do propano. J.130 Catal., 2010, 274: 111-116.

[171] S. Ge, C. Liu, S. Zhang, Z. Li. Efeito do dióxido de carbono no desempenho da reação de desidrogenação oxidativa do n-butano sobre o catalisador V-Mg-O. Chem. Eng. J., 2003, 94:121-126.

[172] F. Urlan, I.-C. Marcu, I. Sandulescu. Desidrogenação oxidativa do n-butano sobre catalisadores de pirofosfato de titânio na presença de dióxido de carbono. Catal. Comm., 2008, 9: 2403-2406.

[173] F. Dury, M. A. Centeno, E. M. Gaigneaux, P Ruiz. Uma tentativa de explicar o papel do CO_2 e do N_2O como dopantes gasosos na alimentação na desidrogenação oxidativa do propano. Catalysis Today, 2003, 81:95-105.

[174] J. Pdrez-Ramirez, A. Gallardo-Llamas, C. Daniel, C. Mirodatos. Desidrogenação oxidativa do propano mediada por N_2O em zeólitos de Fe. Estudos TEOM para a produção contínua de propileno num reator de funcionamento cíclico. Chem. Eng. Sci., 2004, 59: 5532-5543.

[175] M. Machli, C. Boudouris, S.Gaab, J.Find, A. A. Lemonidou, J. A. Lercher. Kinetic modelling of the gas phase ethane and propane oxidative dehydrogenation . Catal. Today, 2006, 112: 53-59.

[176] K. D. Chen, A. Khodakov, J. Yang, A. T. Bell, E. Iglesia. Traçador isotópico e estudos cinéticos das vias de desidrogenação oxidativa em catalisadores de óxido de vanádio. J. Catal., 1999, 186: 325-333.

[177] G. Busca. I Estudos no infravermelho da adsorção reactiva de moléculas orgânicas sobre óxidos metálicos e dos mecanismos da sua oxidação heterogeneamente catalisada. Catal. Today, 1996, 27: 457-496.

[178] T. Kim, I. E. Wachs. CH_3OH oxidation over well-defined supported V_2O_5/Al_2O_3 catalysts: influence of vanadium oxide loading and surface vanadium-oxygen functionalities. J. Catal., 2008, 255: 197-205.

[179] N. Steinfeldt, D. Muller, H. Berndt. Espécies VOx em alumina com elevadas cargas de vanadia e temperatura de calcinação e o seu papel na reação ODP. Appl. Catal., A, 2004, 272: 201-213.

[180] E. V. Kondratenko, M. Baerns. Catalytic oxidative dehydrogenation of propane in the presence of O_2 and N_2O-the role of vanadia distribution and oxidant activation. Appl. Catal., A, 2001, 222:133-143.

[181] J. M. Lopez Nieto, J. Soler, P Concepcion, J. Herguido, M. Mendndez, J.Santamaria. Desidrogenação oxidativa de alcanos sobre catalisadores à base de V: influência das propriedades redox no desempenho catalítico. J. Catal., 1999, 185: 324-332.

[182] M. V. Martinez-Huerta, X. Gao, H.Tian, I. E. Wachs, J. L. G. Fierro, M. A. Banares. Desidrogenação oxidativa de etano a etileno sobre catalisadores de óxido de vanádio suportados em alumina: Relação entre estruturas moleculares e reatividade química. Catal. Today, 2006, 118: 279-287.

[183] Z. Wu, H.-S. Kim, P. C. Stair, S. Rugmini, S. D. Jackson. Sobre a estrutura do óxido de vanádio suportado em aluminas: Espectroscopia Raman UV e Visível, espetroscopia de Reflectância Difusa UV-Visível e estudos de Redução Programada por Temperatura. J. Phys. Chem. B, 2005, 109: 2793-2800.

[184] X. Hu, C. Li, C. Yang. Cracking catalítico do n-heptano sobre catalisadores HZSM-5 com a ativação do oxigénio da rede. Catal. Today, 2010, 158: 504-509.

[185] X. Hu, C. Li, C. Yang. Estudos sobre a utilização de oxigénio na rede durante a conversão catalítica de n-heptano ativado por V_2O_5/Al_2O_3. Chem. Eng. J., 2015, 263: 113-118.

[186] B. Grzybowska-Swierkosz. Centros activos em catalisadores à base de vanadia para oxidação selectiva de hidrocarbonetos. Appl. Catal., A, 1997, 157: 409-420.

[187] C. Pak, A. T. Bell, T. D. Desidrogenação oxidativa do propano sobre catalisadores de vanadia-magnésia preparados por termólise de OV(OtBu)3 na presença de MgO nanocristalino. J. Catal., 2002, 206: 49-59.

[188] L. Balderas-Tapia, I. Hernandez-Pdrez, P Schacht, I. R. Cordova, G. G. Aguilar-Rios. Influência da redutibilidade dos óxidos mistos de vanádio e magnésio na desidrogenação oxidativa do propano. Catal. Today, 2005, 107-108: 371-376.

[189] M. L. Ferreira, M. A. Volpe. Estudo teórico e experimental combinado do catalisador VO_X-Al_2O_3. J. Mole. Catal. A, 1999, 149: 33-42.

[190] M. L. Ferreira, M. A. Volpe. Um estudo teórico e experimental combinado de catalisadores de óxido de vanádio suportados. J. Mole. Catal. A, 2002, 184: 349-360.

[191] A. M. Turek, I. E. Wachs, E. DeCanio. Acidic properties of alumina-supported metal oxide catalysts: an infrared spectroscopy study. J. Phys. Chem. 1992, 96, 5000-5007.

[192] X. Hu, C. Li, C. Yang. Diferentes influências da introdução de V_2O_5/Al_2O_3 na conversão inicial de n-heptano sobre o catalisador ZSM-5 fresco e em equilíbrio. Chem. Eng. Res. Des., 2015, 94: 105-111.

[193] A. Corma, O. Marie, F. J. Ortega. Interação da água com a superfície de um catalisador de zeólito durante o craqueamento catalítico: um estudo de espetroscopia e cinética. J. Catal., 2004, 222: 338-347.

[194] T. Q. Hoang, X. Zhu, T. Sooknoi, D. E. Resasco, R. G. Mallinson. Uma comparação das reactividades de propanal e propileno em HZSM-5. J. Catal., 2010, 271: 201-208.

[195] A. G. Gayubo, A. T. Aguayo, A. Atutxa, R. Aguado, M. Olazar, J. Bilbao. Transformação dos componentes oxigenados do óleo de pirólise de biomassa num HZSM-5 zeólito. II. Aldeídos, cetonas e ácidos. Ind. Eng. Chem. Res., 2004, 43: 2619-2626.

[196] J. D. Adjaye, N. N. Bakhshi. Catalytic conversion of a biomass-derived oil to fuels and chemicals I: model compound studies and reaction pathways (Conversão catalítica de um óleo derivado da biomassa em combustíveis e produtos químicos I: estudos de compostos modelo e vias de reação). Biomassa Bioenergia, 1995, 8: 131-149.

[197] H. Tian, C. Li, C. Yang, H. Shan. Tecnologia de processamento alternativa para a conversão de óleos vegetais e gorduras animais em combustíveis limpos e olefinas leves. Chin. J. Chem. Eng., 2008, 16, 394-400.

[198] U. A. Sedran. Testes laboratoriais de catalisadores de FCC e avaliação das propriedades de transferência de hidrogénio. Catal. Rev. Sci. Eng., 1994, 36: 405-431.

Printed by Books on Demand GmbH, Norderstedt / Germany